高等数学练习与提高(三)

（第二版）

GAODENG SHUXUE LIANXI YU TIGAO

刘剑锋　李志明 主编

图书在版编目(CIP)数据

高等数学练习与提高(第二版).(三)(四)/刘剑锋,李志明主编. —2版. —武汉:中国地质大学出版社,2023.7

ISBN 978-7-5625-5613-8

Ⅰ.①高… Ⅱ.①刘…②李… Ⅲ.①高等数学-高等学校-教学参考资料 Ⅳ.①O13

中国版本图书馆CIP数据核字(2023)第116738号

高等数学练习与提高(第二版)(三)(四) 刘剑锋 李志明 主编

责任编辑:郑济飞 韦有福 责任校对:谢媛华

出版发行:中国地质大学出版社(武汉市洪山区鲁磨路388号) 邮政编码:430074

电 话:(027)67883511 传真:67883580 E-mail:cbb@cug.edu.cn

经 销:全国新华书店 http://cugp.cug.edu.cn

开本:787毫米×1 092毫米 1/16 字数:260千字 印张:10.25

版次:2018年2月第1版 2023年7月第2版 印次:2023年7月第1次印刷

印刷:武汉市籍缘印刷厂

ISBN 978-7-5625-5613-8 定价:40.00元(全2册)

如有印装质量问题请与印刷厂联系调换

前　言

本书是高等教育出版社出版的《高等数学》(第七版)的配套辅助教材,可作为高等学校“高等数学”“工科数学分析”课程的教学参考书。本书具有以下特色。

(1)全书分为四册,其中第一册和第二册是《高等数学》(上)(第七版)的配套教辅;第三册和第四册是《高等数学》(下)(第七版)的配套教辅。

(2)第一册和第二册的主要内容有函数、极限、连续性、导数与微分、微分中值定理与导数的应用,一元函数的不定积分、一元函数的定积分、定积分的应用;第三册和第四册的主要内容有微分方程、空间解析几何与向量代数、多元函数微分法及其应用、重积分、曲线积分和曲面积分、无穷级数。

(3)该书精选各类习题,体量适中。每分册中的每节包含知识要点、典型例题及习题三大部分。其中习题有A、B、C三类,A类为基本练习,用于巩固基础知识和基本技能;B类和C类为加深和拓宽练习。

(4)每分册附有部分习题答案,以供参考。

本书在编写出版过程中得到了中国地质大学(武汉)数学与物理学院领导及全体大学数学部老师的支持和帮助,他们分别是:李星、杨球、罗文强、田木生、肖海军、杨瑞琰、何水明、向东进、郭艳凤、余绍权、刘鲁文、李少华、肖莉、黄精华、陈兴荣、杨迪威、邹敏、黄娟、马晴霞、杨飞、李卫峰、王元媛、陈荣三、乔梅红。谨在此向他们表示衷心的感谢。

限于编者水平有限,加之编写时间仓促,书中难免有不足之处,恳请广大读者批评指正!

编　者

2023年7月

目　录

第七章　微分方程

第一节　微分方程的基本概念

了解微分方程及其阶、解、通解、初始条件和特解的概念，会验证某函数是否为微分方程的解.

1. 微分方程的基本概念，什么是微分方程的阶，什么是微分方程的解，通解的定义和特解的定义；

2. 微分方程的初始条件和初值问题，利用初始条件确定通解中的任意常数从而得到特解.

例 1　求曲线族 $x^2+Cy^2=1$ 满足的微分方程，其中 C 为任意常数.

分析： 对原方程求导，消参数 C，得到函数和导函数间的关系.

解： 在等式 $x^2+Cy^2=1$ 两边对 x 求导，得 $2x+2Cyy'=0$.

再从 $x^2+Cy^2=1$ 解出 $C=\frac{1-x^2}{y^2}$，代入上式得

$$2x+2\,\frac{1-x^2}{y^2}yy'=0,$$

得所求的微分方程为 $xy+(1-x^2)y'=0$.

例 2　验证函数 $y=(x^2+C)\sin x$（C 为任意常数）是方程

$$\frac{\mathrm{d}y}{\mathrm{d}x}-y\cot x-2x\sin x=0$$

的通解，并求满足初始条件 $y\Big|_{x=\frac{\pi}{2}}=0$ 的特解.

分析： 将函数代入微分方程，方程恒成立即为解；将初始条件代入求的常数 C 的值，即得对应的特解.

解：将 $y=(x^2+C)\sin x$ 求一阶导数，得

$$\frac{\mathrm{d}y}{\mathrm{d}x}=2x\sin x+(x^2+C)\cos x,$$

把 y 和$\frac{\mathrm{d}y}{\mathrm{d}x}$代入方程左边得

$$\frac{\mathrm{d}y}{\mathrm{d}x}-y\cot x-2x\sin x=2x\sin x+(x^2+C)\cos x-(x^2+C)\sin x\cot x-2x\sin x\equiv 0.$$

因方程两边恒等，且恰含有一个任意常数，故 $y=(x^2+C)\sin x$ 是题设方程的通解.

将初始条件 $y\big|_{x=\frac{\pi}{2}}=0$ 代入通解 $y=(x^2+C)\sin x$ 中，得 $0=\frac{\pi^2}{4}+C$ ，$C=-\frac{\pi^2}{4}$.

从而所求特解为 $y=\left(x^2-\frac{\pi^2}{4}\right)\sin x$.

A 类题

1. 一曲线经过点(1,2)，且曲线上任意一点(x,y)处的切线的斜率等于该点的横坐标，试确定此曲线的方程.

2. 验证二元方程 $x^2-xy+y^2=C$ 所确定函数是微分方程$(x-2y)y'=2x-y$ 的通解.

3. 确定函数 $y=(C_1+C_2x)\mathrm{e}^{2x}$ 中所含参数，使函数满足初始条件 $y(0)=0,y'(0)=1$.

4. 设曲线上任一点(x,y)的切线在两坐标轴间的线段均被切点平分，试求曲线所满足的微分方程.

第二节　可分离变量的微分方程

理解可分离变量的微分方程的特点，掌握其求解方法.

1. 可分离变量微分方程的判定；
2. 可分离变量微分方程的求解步骤.

例 1　求微分方程$\frac{dy}{dx}=3xy$的通解.

分析：此方程为可分离变量方程，将变量分离后求解.

解：分离变量后得

$$\frac{1}{y}dy=3x\,dx,$$

两边积分得
$$\int\frac{1}{y}dy=\int 3x\,dx,$$

即
$$\ln|y|=\frac{3}{2}x^2+C_1,$$

从而
$$y=Ce^{\frac{3}{2}x^2}.$$

例 2　求微分方程$\frac{dy}{dx}=1+x+y^2+xy^2$的通解.

分析：将方程右边的因式分解，可知此方程为可分离变量方程，将变量分离后求解.

解：方程可化为

$$\frac{dy}{dx}=(1+x)(1+y^2),$$

分离变量得

$$\frac{1}{1+y^2}\mathrm{d}y=(1+x)\mathrm{d}x\ ,$$

两边积分得

$$\int\frac{1}{1+y^2}\mathrm{d}y=\int(1+x)\mathrm{d}x\ ,$$

即
$$\arctan y=\frac{1}{2}x^2+x+C\ .$$

于是原方程的通解为 $y=\tan(\frac{1}{2}x^2+x+C)$.

A 类题

1. 求下列微分方程的通解:

(1) $\sec^2 x\tan y\mathrm{d}x+\sec^2 y\tan x\mathrm{d}y=0$;

(2) $(\mathrm{e}^{x+y}-\mathrm{e}^x)\mathrm{d}x+(\mathrm{e}^{x+y}+\mathrm{e}^y)\mathrm{d}y=0$;

(3) $y'=\mathrm{e}^{2x-y}$;

(4) $y'=-\lambda y$;

(5) $y\mathrm{d}x+\sqrt{1+x^2}\mathrm{d}y=0$;

(6) $y'=1+x+y^2+xy^2$.

2. 求下列方程满足所给初始条件的特解：

(1) $\dfrac{dy}{dx}=\dfrac{1+y^2}{(1+x^2)xy}$，$y(1)=0$；

(2) $\dfrac{\sec x}{1+y^2}dy=x\,dx$，$y(\dfrac{3\pi}{2})=-1$；

(3) $\dfrac{dy}{dx}=\dfrac{x(1+y^2)}{y(1+x^2)}$，$y(0)=1$；

(4) $y'=e^{y-2x}$，$y|_{x=0}=1$；

(5) $y'\sin x=y\ln y$，$y|_{x=\frac{\pi}{2}}=e$.

3. 设 $f(x)=x+\int_0^x f(u)du$，$f(x)$为可微函数，求 $f(x)$.

4. 已知 $\int_0^1 f(ux)du=\dfrac{1}{2}f(x)+1$，求 $f(x)$的函数表达式.

5. 若 $x\int_0^x y(t)\mathrm{d}t=(x+1)\int_0^x ty(t)\mathrm{d}t$，求 $y(x)$.

第三节　齐次方程

掌握齐次方程的解法，了解可化为齐次方程的微分方程的解法.

1. 齐次方程的判定；
2. 齐次方程的解法，作换元化为可分离变量微分方程求解.

例 1　求解微分方程 $\frac{\mathrm{d}y}{\mathrm{d}x}=\frac{y}{x}+\tan\frac{y}{x}$ 满足初始条件 $y|_{x=1}=\frac{\pi}{6}$ 的特解.

分析： $\frac{y}{x}+\tan\frac{y}{x}$ 是 $\frac{y}{x}$ 的函数，此微分方程是齐次方程，作换元 $u=\frac{y}{x}$ 化为可分离变量微分方程求解，将初始条件代入得特解.

解： 设 $u=\frac{y}{x}$，则 $\frac{\mathrm{d}y}{\mathrm{d}x}=u+x\frac{\mathrm{d}u}{\mathrm{d}x}$，

得
$$u+x\frac{\mathrm{d}u}{\mathrm{d}x}=u+\tan u,\ \cot u\,\mathrm{d}u=\frac{1}{x}\mathrm{d}x.$$

积分得
$$\ln|\sin u|=\ln|x|+\ln|C|,\ \sin u=Cx,$$

得通解为
$$\sin\frac{y}{x}=Cx.$$

$$y|_{x=1}=\frac{\pi}{6},$$

得 $C=\frac{1}{2}$，从而所求特解为 $\sin\frac{y}{x}=\frac{1}{2}x$.

例 2　求解微分方程 $\frac{\mathrm{d}x}{x^2-xy+y^2}=\frac{\mathrm{d}y}{2y^2-xy}$.

分析： 将方程整理变型，可知为齐次方程，作换元 $u=\frac{y}{x}$ 化为可分离变量微分方程求解.

解：
$$\frac{\mathrm{d}y}{\mathrm{d}x}=\frac{2y^2-xy}{x^2-xy+y^2}=\frac{2\left(\frac{y}{x}\right)^2-\frac{y}{x}}{1-\frac{y}{x}+\left(\frac{y}{x}\right)^2},$$

令 $u=\frac{y}{x}$，则 $\frac{\mathrm{d}y}{\mathrm{d}x}=u+x\frac{\mathrm{d}u}{\mathrm{d}x}$，方程化为 $u+x\frac{\mathrm{d}u}{\mathrm{d}x}=\frac{2u^2-u}{1-u+u^2}$，

$$\left[\frac{1}{2}\left(\frac{1}{u-2}-\frac{1}{u}\right)-\frac{2}{u-2}+\frac{1}{u-1}\right]\mathrm{d}u=\frac{\mathrm{d}x}{x},$$

得
$$\ln(u-1)-\frac{3}{2}\ln(u-2)-\frac{1}{2}\ln u=\ln x+\ln C,$$

得
$$\frac{u-1}{\sqrt{u}(u-2)^{\frac{3}{2}}}=Cx.$$

所求的解为　$(y-x)^2=Cy(y-2x)^3$.

A类题

1. 求下列齐次方程的通解：

(1) $xy'=y+\sqrt{x^2-y^2}$，$(x>0)$；

(2) $x\frac{\mathrm{d}y}{\mathrm{d}x}=y(\ln y-\ln x)$；

(3) $(x^2+y^2)\mathrm{d}y-xy\mathrm{d}x=0$；

(4) $\left(x+y\cos\frac{y}{x}\right)\mathrm{d}x-x\cos\frac{y}{x}\mathrm{d}y=0$.

2. 求下列齐次方程满足所给初始条件的特解：

(1) $x^2 \mathrm{d}y+(xy-y^2)\mathrm{d}x=0$，$y(1)=1$；

(2) $\dfrac{\mathrm{d}y}{\mathrm{d}x}=\dfrac{y^2}{x^2+xy}$，$y(-1)=1$；

(3) $y^3\mathrm{d}x+2(x^3-xy^2)\mathrm{d}y=0, y(1)=1$.

3. 证明 $x^2-xy+y^2=C$ 为微分方程 $(x-2y)y'=2x-y$ 的通解.

4. 设有连接点 $O(0,0)$ 和 $A(1,1)$ 的一段向上凸的曲线弧 $\overset{\frown}{OA}$，对于曲线弧 $\overset{\frown}{OA}$ 上任一点 $P(x,y)$，曲线弧 $\overset{\frown}{OP}$ 与直线段 $\overline{OP}$ 所围面积为 x^2，求曲线弧 $\overset{\frown}{OA}$ 的方程.

第四节 一阶线性微分方程

掌握一阶线性微分方程的解法，理解一阶线性非齐次微分方程的解的结构.

1. 线性方程的判定；
2. 齐次线性方程的解法；
3. 利用常数变易法求非齐次线性方程的通解；
4. 非齐次线性方程的通解是其对应的齐次方程的通解与非齐次方程的一个特解之和.

例 1 求方程 $y'+\frac{1}{x}y=\frac{\sin x}{x}$ 的通解.

分析： 此微分方程是一阶非齐次线性微分方程，可直接代入通解公式.

解： $y=e^{-\int\frac{1}{x}dx}\left(\int\frac{\sin x}{x}e^{\int\frac{1}{x}dx}dx+C\right)=e^{-\ln x}\left(\int\frac{\sin x}{x}\cdot e^{\ln x}dx+C\right)=\frac{1}{x}(-\cos x+C)$.

例 2 求下列微分方程满足所给初始条件的特解.

$$x\ln x\,dy+(y-\ln x)dx=0,\quad y|_{x=e}=1.$$

分析： 此微分方程整理后可知是一阶非齐次线性微分方程，可直接利用公式得到通解，再将初始条件代入得到相应特解.

解： 将方程化为 $y'+\frac{1}{x\ln x}y=\frac{1}{x}$，

$$y=e^{-\int\frac{dx}{x\ln x}}\left(\int\frac{1}{x}e^{\int\frac{dx}{x\ln x}}dx+C\right)=e^{-\ln\ln x}\left(\int\frac{1}{x}e^{\ln\ln x}dx+C\right)$$

$$=\frac{1}{\ln x}\left(\frac{1}{2}\ln^2 x+C\right).$$

由 $y|_{x=e}=1$ 得 $C=\frac{1}{2}$，所求特解为 $y=\frac{1}{2}\left(\ln x+\frac{1}{\ln x}\right)$.

A 类题

1. 求下列微分方程的通解：

(1) $xy'+y=xe^x$；

(2) $\frac{dy}{dx}=\frac{y}{x+y^3e^y}$；

(3) $y'=2xy-x^3+x$；

(4) $\cos^2 x\dfrac{dy}{dx}+y=\tan x$；

(5) $(x^2+1)\dfrac{dy}{dx}+2xy=4x^2$.

2.求微分方程 $y'\cos x-y\sin x=2x$ 的通解.

3.求下列方程满足所给初始条件的特解：

(1) $xy'=x-y$，$y(\sqrt{2})=0$；

(2) $(x^2-1)dy+(2xy-\cos x)dx=0$，$y(0)=1$；

(3) $x^2y'+xy+1=0, y(2)=1$.

4.求伯努利方程 $y'+\dfrac{1}{x}y=x^2y^6$ 的通解.

第五节　可降阶的高阶微分方程

会用降阶法解形如 $y^{(n)}=f(x)$，$y''=f(x,y')$和 $y''=f(y,y')$的微分方程.

1. 对于 $y^{(n)}=f(x)$型，积分 n 次可得通解；

2. 对于 $y''=f(x,y')$型，设 $y'=p$，则方程化为 $p'=f(x,p)$，实现降阶；

3. 对于 $y''=f(y,y')$型，设 $y'=p$，有 $y''=\frac{\mathrm{d}p}{\mathrm{d}x}=\frac{\mathrm{d}p}{\mathrm{d}y}\cdot\frac{\mathrm{d}y}{\mathrm{d}x}=p\frac{\mathrm{d}p}{\mathrm{d}y}$，原方程化为 $p\frac{\mathrm{d}p}{\mathrm{d}y}=f(y,p)$，实现降阶.

例 1　求微分方程 $xy''+2y'=1$ 满足 $y(1)=2y'(1)$，且当 $x\to 0$ 时，y 有界的特解.

分析：此方程为 $y''=f(x,y')$型，设 $y'=p$，方程化为 $p'=f(x,p)$，降阶求解. 再根据条件求出通解中的任意常数.

解：由 $xy''+2y'=(xy'+y)'$，得 $y'+\frac{1}{x}y=1+\frac{C_1}{x}$，得

$$y=\frac{x}{2}+C_1+\frac{C_2}{x},$$

$x\to 0$ 时，y 有界，得 $C_2=0$，故 $y=\frac{x}{2}+C_1$，由此得 $y'=\frac{1}{2}$及 $y(1)=\frac{1}{2}+C_1$，

又由已知条件 $y(1)=2y'(1)$，得 $C_1=\frac{1}{2}$，从而所求特解为 $y=\frac{x}{2}+\frac{1}{2}$.

例 2　求微分方程 $yy''=2(y'^2-y')$满足初始条件 $y(0)=1$，$y'(0)=2$ 的特解.

分析：此方程为 $y''=f(y,y')$型，设 $y'=p$，有 $y''=\frac{\mathrm{d}p}{\mathrm{d}x}=\frac{\mathrm{d}p}{\mathrm{d}y}\cdot\frac{\mathrm{d}y}{\mathrm{d}x}=p\frac{\mathrm{d}p}{\mathrm{d}y}$，降阶求解. 再根据初始条件求得任意常数的值，得到对应特解.

解：令 $y'=p$，则 $y''=p\frac{\mathrm{d}p}{\mathrm{d}y}$，得 $y\frac{\mathrm{d}p}{\mathrm{d}y}=2(p-1)$. $p=y'=Cy^2+1$，进而$\frac{\mathrm{d}y}{Cy^2+1}=\mathrm{d}x$，由 $y(0)=1$，$y'(0)=2$ 得 $C=1$，从而$\frac{\mathrm{d}y}{1+y^2}=\mathrm{d}x$，得 $\arctan y=x+C_1$，$y=\tan(x+C_1)$，由 $y(0)=1$ 得 $C_1=\arctan 1=\frac{\pi}{4}$，所求特解为 $y=\tan\left(x+\frac{\pi}{4}\right)$.

A类题

1. 求下列微分方程的通解：

(1) $y'''=\mathrm{e}^{2x}-\cos x$；

(2) $y''=\dfrac{1}{\sqrt{1+x^2}}$；

(3) $yy''+(y')^2+2x=0$；

(4) $(x+1)y''+y'=\ln(x+1)$；

(5) $xy''=y'\ln\dfrac{y'}{x}$；

(6) $yy''-(y')^2=0$；

(7) $2yy''=(y')^2+y^2$；

(8) $y''=\dfrac{1+(y')^2}{2y}$.

2. 求下列微分方程满足所给条件的特解：

(1) $y''+2x(y')^2=0$，$y(0)=1$，$y'(0)=-\dfrac{1}{2}$；

(2) $yy''-(y')^2=0$，$y(0)=1$，$y'(0)=2$；

(3) $xy''-y'\ln y'+y'\ln x=0$，$y(1)=2$，$y'(1)=e^2$；

(4) $(1+x^2)y''=2xy'$，$y|_{x=0}=1$，$y'|_{x=0}=3$.

第六节　高阶线性微分方程

理解线性微分方程解的性质和结构，了解两个函数线性相关、线性无关的概念.

1. 线性微分方程的解的结构；
2. 函数的线性相关与线性无关；
3. 二阶齐次线性方程的通解是两个线性无关的特解的线性组合；
4. 二阶非齐次线性方程的通解是对应的齐次方程的通解加上非齐次的一个特解；
5. 线性微分方程的解的叠加原理.

例　已知 $y_1=xe^x+e^{2x}$，$y_2=xe^x-e^{-x}$，$y_3=xe^x+e^{2x}-e^{-x}$ 是某二阶非齐次线性微分方程的 3 个特解：

(1) 求此方程的通解；

(2) 写出此微分方程；

(3) 求此微分方程满足 $y(0)=7, y'(0)=6$ 的特解.

分析：非齐次方程的两个解的差是对应齐次方程的解，进而得到非齐次方程的通解.通过消任意常数得到微分方程，再根据初始条件得到特解.

解：(1) $y_3-y_2=e^{2x}$ $y_1-y_2=e^{-x}$ 是相应齐次线性方程的两个线性无关的解，故所求通解为

$$y=xe^{x}+e^{2x}+C_0e^{2x}+C_2e^{-x}=xe^{x}+C_1e^{2x}+C_2e^{-x}$$，其中 $C_1=1+C_0$.

(2) 因 $y=xe^{x}+C_1e^{2x}+C_2e^{-x}$，所以 $y'=e^{x}+xe^{x}+2C_1e^{2x}-C_2e^{-x}$，

$$y''=2e^{x}+xe^{x}+4C_1e^{2x}+C_2e^{-x}$$

消去 C_1,C_2,即所求方程为 $y''-y'-2y=e^{x}-2xe^{x}$.

(3) 代入初始条件 $y(0)=7$,$y'(0)=6$,得

$$C_1+C_2=7,\ 2C_1-C_2+1=6\Rightarrow C_1=4,\ C_2=3,$$

从而所求特解为 $y=4e^{2x}+3e^{-x}+xe^{x}$.

A类题

1. 证明下列函数是相应微分方程的通解：

(1) $y=C_1x^2+C_2x^2\ln x$(C_1,C_2 是任意常数)是方程 $x^2y''-3xy'+4y=0$ 的通解.

(2) $y=C_1e^{-x}+C_2e^{\frac{x}{2}}+e^{x}$ 是方程 $2y''+y'-y=2e^{x}$ 的通解.

2. 验证 $y_1=e^{2x}$，$y_2=e^{x}$ 是微分方程 $y''-3y'+2y=0$ 的解,并写出该方程的通解.

3. 设 $y_1(x)$,$y_2(x)$,$y_3(x)$都是方程 $y''+P(x)y'+Q(x)y=f(x)$的特解(其中 $P(x)$，$Q(x)$，$f(x)$为已知函数),且$\frac{y_1-y_2}{y_2-y_3}\neq$常数,证明：

$$y=(1+C_1)y_1+(C_2-C_1)y_2-C_2y_3$$

(其中 C_1,C_2 为常数)为方程 $y''+P(x)y'+Q(x)y=f(x)$的通解.

第七节 常系数齐次线性微分方程

掌握二阶常系数齐次线性微分方程的解法，了解 n 阶常系数齐次线性微分方程的解法，会解某些高于二阶的常系数齐次线性微分方程.

1. 常系数齐次线性微分方程的定义；

2. 通过解特征方程，根据特征方程的根写出二阶常系数齐次线性微分方程的通解；

3. 通过解特征方程，根据特征方程的根写出 n 阶常系数齐次线性微分方程的通解.

例 1 求方程 $y''-3y'-4y=0$ 的通解.

分析： 写出特征方程，解得特征方程的根，有两个不相等的实根，由此写出通解.

解： 特征方程为 $r^2-3r-4=0$，$r_1=-1$，$r_2=4$，通解为 $y=C_1e^{-x}+C_2e^{4x}$.

例 2 求方程 $y''+4y'+4y=0$ 的通解.

分析： 写出特征方程，解得特征方程的根，有两个相等的实根，由此写出通解.

解： 特征方程为 $r^2+4r+4=0$，$r_1=r_2=-2$，通解为 $y=(C_1+C_2x)e^{-2x}$.

例 3 求方程 $y''+2y'+5y=0$ 的通解.

分析： 写出特征方程，解得特征方程的根，有一对共轭的复根，由此写出通解.

解： 特征方程为 $r^2+2r+5=0$，$r_{1,2}=-1\pm 2i$，通解为 $y=e^{-x}(C_1\cos 2x+C_2\sin 2x)$.

例 4 求 $y^{(5)}+2y^{(3)}+y'=0$ 的通解.

分析： 写出特征方程，解得特征方程的根，由根的情形写出通解，注意有重共轭复根时通解的写法形式.

解： 特征方程为 $r^5+2r^3+r=0$，$r(r^2+1)^2=0$，$r_1=0$，$r_{2,3}=\pm i$，$r_{4,5}=\pm i$，

通解为 $y=C_1+(C_2+C_3x)\cos x+(C_4+C_5x)\sin x$.

A 类题

1. 求下列微分方程的通解：

(1) $y''-y'-6y=0$；　　　　(2) $4y''-4y'+y=0$；

(3) $y''+y'+y=0$；

(4) $y''-3y'=0$.

(5) $y^{(4)}+2y''+y=0$；

(6) $y^{(4)}-2y'''+y''=0$.

2. 求下列微分方程满足所给初始条件的特解：

(1) $y''-3y'-4y=0$，$y(0)=2$，$y'(0)=-5$；

(2) $9y''+6y'+y=0$，$y(0)=3$，$y'(0)=0$；

(3) $y''+4y'+29y=0$，$y(0)=0$，$y'(0)=15$.

3. 已知某常系数二阶齐次线性微分方程的一个特解 $y=e^{mx}$，对应特征方程的判别式等于零，求此微分方程满足初始条件 $y(0)=1$，$y'(0)=1$ 的通解.

4.求微分方程 $y'''-y'=0$ 满足下列条件的积分曲线：

(1)该积分曲线在原点处有拐点；

(2)该积分曲线在原点处以直线 $y=2x$ 为切线.

第八节　常系数非齐次线性微分方程

会解右端函数为多项式、指数函数、正弦函数、余弦函数以及它们的和与积的二阶常系数非齐次线性微分方程.

1. $f(x)=P_m(x)e^{\lambda x}$ 型二阶常系数非齐次线性微分方程的特解的形式；

2. $f(x)=e^{\lambda x}[P_l(x)\cos\omega x+P_n(x)\sin\omega x]$ 型二阶常系数非齐次线性微分方程的特解的形式.

例 1　求方程 $y''-3y'+2y=xe^{2x}$ 的通解.

分析：关键是求非齐次的特解，形式为 $y^*=x^kQ_m(x)e^{\lambda x}$，其中 $Q_m(x)$ 是与 $P_m(x)$ 同次的多项式，而 k 按 λ 不是特征方程的根，是特征方程的单根或是特征方程的重根，依次取为 0、1 或 2.

解：特征方程为 $r^2-3r+2=0$，$r_1=1$，$r_2=2$，

齐次方程的通解为 $y=C_1x+C_2e^{2x}$，

$\lambda=2$ 是特征方程的单根，特解为 $y^*=x(b_0x+b_1)e^{2x}$.

代入得 $2b_0x+b_1+2b_0=x$，得 $b_0=\dfrac{1}{2}$，$b_1=-1$，

得特解 $y^{*}=x(\frac{1}{2}x-1)e^{2x}$.

所求通解为 $y=C_1e^{x}+C_2e^{2x}+x(\frac{1}{2}x-1)e^{2x}$.

例 2 设函数 $y(x)$满足 $y'(x)=1+\int_0^x[6\sin^2t-y(t)]dt$, $y(0)=1$,求 $y(x)$.

分析:先对原方程求导,得到二阶常系数非齐次微分方程,再求其特解,形式为 $y^{*}=x^k e^{\lambda x}[R_m^{(1)}(x)\cos\omega x+R_m^{(2)}(x)\sin\omega x]$,其中 $R_m^{(1)}(x)$、$R_m^{(2)}(x)$ 是 m 次多项式,$m=\max\{l,n\}$,而 k 按 $\lambda+i\omega$ (或 $\lambda-i\omega$)不是特征方程的根或是特征方程的单根,依次取 0 或 1 .

解:两边对 x 求导,得微分方程 $y''+y=6\sin^2x$,即 $y''+y=3(1-\cos2x)$,

特征方程为 $r^2+1=0$, $r_{1,2}=\pm i$,对应齐次方程的通解为 $y=C_1\cos x+C_2\sin x$,

$f(x)=3-3\cos2x=f_1(x)+f_2(x)$,且 $\alpha\pm i\beta=\pm2i$ 不是特征根,根据叠加原理,设特解

$$y^{*}=y_1^{*}+y_2^{*}=a+b\cos2x+c\sin2x,$$

代入方程得 $a=3,b=1,c=0$,从而原方程的通解为

$$y=C_1\cos x+C_2\sin x+\cos2x+3.$$

根据条件,$y(0)=1$,$y'(0)=1$,又 $y(0)=C_1+4$,$y'(0)=C_2$,解得 $C_1=-3$,$C_2=1$,从而所求函数为 $y(x)=\sin x-3\cos x+\cos2x+3$.

A 类题

1.求下列微分方程的通解:

(1) $y''-y=4xe^{x}$;

(2) $y''-2y'+y=4e^{x}$;

(3) $y''+y'+y=x+e^{x}$;

(4) $y''-2y'+10y=37\cos x$;

(5) $y''-2y'+5y=e^{x}\sin2x$.

2. 求下列微分方程满足所给初始条件的特解：

(1) $y'''+2y''+y'+2e^{-2x}=0$，$y(0)=2$，$y'(0)=1$，$y''(0)=1$；

(2) $y''+4y=3|\sin x|$，$x\in[0,\pi]$，$y(\frac{\pi}{2})=0$，$y'(\frac{\pi}{2})=1$.

3. 二阶线性微分方程 $y''+P(x)y'+Q(x)y=f(x)$的 3 个特解 $y_1=x$，$y_2=e^x$，$y_3=e^{2x}$，试求此方程满足条件 $y(0)=1$，$y'(0)=3$ 的特解.

4. 设二阶常系数非齐次线性微分方程 $y''+py'+qy=re^x$ 的一个特解为 $y=e^{2x}+(1+x)e^x$，试确定该微分方程，并求该方程的通解.

5. 设 $\varphi(x)=e^x-\int_0^x(x-u)\varphi(u)\mathrm{d}u$，其中 $\varphi(x)$为连续函数，求 $\varphi(x)$.

第九章　多元函数微分法及其应用

第一节　多元函数的基本概念

本节要求读者理解多元函数的概念和二元函数的几何意义,深刻理解二元函数的极限与连续性的概念,并了解有界闭区域上的连续多元函数的性质.

1. 平面点集的概念;

2. 点与点集之间的关系(内点、外点、边界点、聚点)以及一些重要的平面点集;

3. 多元函数的概念;

4. 二元函数的极限及连续性,多元函数在有界闭区域上连续的性质(有界性、最大最小值定理及介值定理).

例 1　求下列二重极限:$\lim\limits_{\substack{x\to 0\\ y\to 0}}(x^2+y^2)^{x^2y^2}$.

分析:在求极限的时候,常用的方法有:等价无穷小代换,分子或分母有理化,两个重要极限,有界变量与无穷小量的乘积仍然为无穷小量,夹逼准则,连续函数的性质以及极限的四则运算等.

解:$\lim\limits_{\substack{x\to 0\\ y\to 0}}(x^2+y^2)^{x^2y^2}=\lim\limits_{\substack{x\to 0\\ y\to 0}}\mathrm{e}^{x^2y^2\ln(x^2+y^2)}$,又$\lim\limits_{x\to 0^+}x\ln x=0$,所以有

$$\lim_{\substack{x\to 0\\ y\to 0}}(x^2+y^2)\ln(x^2+y^2)\xlongequal{\text{令 } t=x^2+y^2}\lim_{t\to 0^+}t\ln t=0.$$

又

$$\lim_{\substack{x\to 0\\ y\to 0}}\frac{x^2y^2}{x^2+y^2}=\lim_{\substack{x\to 0\\ y\to 0}}\frac{1}{\dfrac{1}{x^2}+\dfrac{1}{y^2}}=0,$$

所以,$\lim\limits_{\substack{x\to 0\\ y\to 0}}x^2y^2\ln(x^2+y^2)=0$,从而$\lim\limits_{\substack{x\to 0\\ y\to 0}}(x^2+y^2)^{x^2y^2}=1$.

例 2　求下列二重极限:$\lim\limits_{\substack{x\to 0\\ y\to 0}}\dfrac{x\tan y^2}{x^2+y^2}$.

解：$\lim\limits_{\substack{x\to 0\\ y\to 0}}\dfrac{x\tan y^2}{x^2+y^2}=\lim\limits_{\substack{x\to 0\\ y\to 0}}\dfrac{xy}{x^2+y^2}\cdot y$，由于$\left|\dfrac{xy}{x^2+y^2}\right|\leqslant\dfrac{1}{2}$，而$\lim\limits_{\substack{x\to 0\\ y\to 0}}y=0$，所以，

$$\lim_{\substack{x\to 0\\ y\to 0}}\frac{x\tan y^2}{x^2+y^2}=0.$$

例 3　判断$\lim\limits_{\substack{x\to 0\\ y\to 0}}\dfrac{xy}{\sqrt{x+y+1}-1}$是否存在.

分析：证明极限$\lim\limits_{\substack{x\to x_0\\ y\to y_0}}f(x,y)$不存在的方法有：①在点$(x,y)$沿着某条路径趋于$(x_0,y_0)$时，$f(x,y)$的极限不存在；②当点$(x,y)$沿着两条不同的路径趋于$(x_0,y_0)$时，$f(x,y)$的极限不同.

解：由于$\sqrt{x+y+1}-1$与$\dfrac{1}{2}(x+y)$是等价无穷小，所以原极限化为$\lim\limits_{\substack{x\to 0\\ y\to 0}}\dfrac{2xy}{x+y}$，考虑路径$y=-x$，则$\lim\limits_{\substack{x\to 0\\ y\to 0}}\dfrac{x+y}{2xy}=0$，以及路径$y=kx\,(k\neq 0)$，则$\lim\limits_{\substack{x\to 0\\ y\to 0}}\dfrac{x+y}{2xy}=\infty$，所以$\lim\limits_{\substack{x\to 0\\ y\to 0}}\dfrac{2xy}{x+y}$不存在.

A 类题

(1)集合$\{(x,y)\mid 2\leqslant x^2+y^2<5\}$的内点为__________，外点为__________，边界点为__________，聚点为__________.

(2) 已知函数$f(x,y)=x^2+y^2-xy\tan\dfrac{x}{y}$，则$f(tx,ty)=$____________.

(3) 函数$f(x,y)=\ln(y^2-2x+1)$的定义域为________________.

(4) $\lim\limits_{\substack{x\to 0\\ y\to 0}}xy\sin\dfrac{x}{x^2+y^2}=$________________.

(5) $\lim\limits_{\substack{x\to 0\\ y\to 0}}\dfrac{xy}{\sqrt{x^2+y^2}}=$________________.

(6) $f(x,y)=\dfrac{x^2+4y}{y^2-4x}$的间断点为______________.

2.求下列函数的定义域：

(1) $z=\sqrt{\dfrac{x^2+y^2-x}{2x-x^2-y^2}}$；　　　　(2) $z=\sqrt{x-\sqrt{y}}$；

(3) $z=\arcsin\dfrac{x}{y^2}+\arccos(1-y)$；

(4) $z=\ln(x^2+y^2-1)(2-x^2-y^2)$.

B 类题

1. 求下列极限：

(1) $\lim\limits_{\substack{x\to 0\\ y\to 0}}\dfrac{xy}{\sqrt{xy+1}-1}$；

(2) $\lim\limits_{\substack{x\to \infty\\ y\to 2}}\left(1+\dfrac{y}{x}\right)^{\frac{x^2}{x+y}}$；

(3) $\lim\limits_{\substack{x\to 0\\ y\to 0}}(x^2+y^2)^{xy}$；

(4) $\lim\limits_{\substack{x\to \infty\\ y\to \infty}}\dfrac{x+y}{x^2-xy+y^2}$.

2. 证明下列极限不存在：

(1) $\lim\limits_{\substack{x\to 0\\ y\to 0}}\dfrac{y^2}{x^2y^2+(x-y)^2}$；

(2) $\lim\limits_{\substack{x\to 0\\ y\to 0}}\dfrac{x^2-y^2}{x^2+y^2}$.

3. 已知函数 $f(x,y)=\begin{cases} y\sin\dfrac{1}{x} & x\neq 0 \\ 0 & x=0 \end{cases}$，讨论其连续性.

第二节 偏导数

本节要求读者理解偏导数的概念与计算，了解高阶偏导数以及多元函数全微分的概念.

1. 偏导数的定义及计算；
2. 二元函数的偏导数的几何意义；
3. 高阶导数的计算；
4. 二阶混合偏导数在连续条件下与求导的次序无关.

例 1 求下列函数的偏导数：$u=\left(\dfrac{y}{x}\right)^{z}$.

分析： 三元函数 u 对自变量 x 求导时，自变量 y 与 z 被看作常量，类似的，对 y 求导时，x 与 z 被看作常量；对 z 求导时，x 与 y 被看作常量.

解： $\dfrac{\partial u}{\partial x}=z\left(\dfrac{y}{x}\right)^{z-1}\left(-\dfrac{y}{x^{2}}\right)=-z\dfrac{y^{z}}{x^{z+1}}$，$\dfrac{\partial u}{\partial y}=z\left(\dfrac{y}{x}\right)^{z-1}\dfrac{1}{x}=z\dfrac{y^{z-1}}{x^{z}}$，$\dfrac{\partial u}{\partial z}=\left(\dfrac{y}{x}\right)^{z}\ln\dfrac{y}{x}$.

例 2 求下列函数的偏导数：$f(x,y)=\ln(x+y-\sqrt{x^{2}+y^{2}})$，求 $f'_{x}(1,1)+f'_{y}(1,1)$.

分析： 计算函数在某点处的偏导数有两种方法：第一种为先求出函数的偏导函数，再代入点的坐标，求得在该点处的偏导数；第二种由于偏导数是在将其他变量看作常量的情况下求得的，所以可以先将其余变量的值代入，得到关于该变量的一元函数，然后求导.

解：

解法 1: $\dfrac{\partial f}{\partial x}=\dfrac{1}{x+y-\sqrt{x^2+y^2}}\cdot(1-\dfrac{2x}{2\sqrt{x^2+y^2}})=\dfrac{\sqrt{x^2+y^2}-x}{\sqrt{x^2+y^2}(x+y-\sqrt{x^2+y^2})}$,

由对称性可得,

$$\frac{\partial f}{\partial x}=\frac{1}{x+y-\sqrt{x^2+y^2}}\cdot(1-\frac{2y}{2\sqrt{x^2+y^2}})=\frac{\sqrt{x^2+y^2}-y}{\sqrt{x^2+y^2}(x+y-\sqrt{x^2+y^2})},$$

所以,$f'_x(1,1)+f'_y(1,1)=\dfrac{\sqrt{2}-1}{\sqrt{2}(2-\sqrt{2})}+\dfrac{\sqrt{2}-1}{\sqrt{2}(2-\sqrt{2})}=1$.

解法 2: 先代入其余变量的值,得到关于待求导变量的一元函数,然后求导.

$$f(x,1)=\ln(x+1-\sqrt{x^2+1}),$$

$$f'_x(1,1)=\frac{1}{x+1-\sqrt{x^2+1}}(1-\frac{x}{\sqrt{x^2+1}})\Big|_{x=1}=\frac{1}{2},$$

同理,$f'_y(1,1)=\dfrac{1}{2}$,因此 $f'_x(1,1)+f'_y(1,1)=1$.

例 3 设 $z=\arctan\dfrac{y}{x}$,验证$\dfrac{\partial^3 z}{\partial x^2\partial y}=\dfrac{\partial^3 z}{\partial y^2\partial x}$.

证明: $\dfrac{\partial z}{\partial x}=\dfrac{-\dfrac{y}{x^2}}{1+\dfrac{y^2}{x^2}}=-\dfrac{y}{x^2+y^2}$,$\dfrac{\partial z}{\partial y}=\dfrac{\dfrac{1}{x}}{1+\dfrac{y^2}{x^2}}=\dfrac{x}{x^2+y^2}$,$\dfrac{\partial^2 z}{\partial y^2}=\dfrac{-2xy}{(x^2+y^2)^2}$,

$$\frac{\partial^2 z}{\partial x\partial y}=\frac{-(x^2+y^2)+2y^2}{(x^2+y^2)^2}=\frac{y^2-x^2}{(x^2+y^2)^2},$$

$$\frac{\partial^3 z}{\partial x\partial y^2}=\frac{2y(x^2+y^2)^2-2(x^2+y^2)\cdot 2y(y^2-x^2)}{(x^2+y^2)^4}=\frac{-2y^3+6x^2y}{(x^2+y^2)^3}$$

$$\frac{\partial^3 z}{\partial y^2\partial x}=\frac{-2y(x^2+y^2)^2+2(x^2+y^2)\cdot 2x\cdot 2xy}{(x^2+y^2)^4}=\frac{6x^2y-2y^3}{(x^2+y^2)^3},$$ 得证.

A 类题

1. 填空题:

(1) 若函数 $f(x,y)=5x^2y^3$,则 $f_x(x,y)=$ ________;$f_y(x,y)=$ ________;$f_x(0,1)=$ ________;$f_x(1,-1)=$ ________;$f_y(1,-2)=$ ________;$f_y(-1,-2)=$ ________.

(2) 若函数 $f(x,y)=e^{x^2y}$,则$\dfrac{\partial f}{\partial x}=$ ________;$\dfrac{\partial f}{\partial y}=$ ________.

(3) 若 $z=x^3+y^3-3xy^2$,则$\dfrac{\partial z}{\partial x}=$ ________;$\dfrac{\partial z}{\partial y}=$ ________;$\dfrac{\partial^2 z}{\partial x^2}=$ ________;$\dfrac{\partial^2 z}{\partial y^2}=$ ________;$\dfrac{\partial^2 z}{\partial x\partial y}=$ ________;$\dfrac{\partial^2 z}{\partial y\partial x}=$ ________.

(4) 若 $z=x^2ye^y$,则$\frac{\partial z}{\partial x}=$__________;$\frac{\partial z}{\partial y}=$__________;$\frac{\partial^2 z}{\partial x^2}=$__________;
$\frac{\partial^2 z}{\partial y^2}=$__________;$\frac{\partial^2 z}{\partial x\partial y}=$__________;$\frac{\partial^2 z}{\partial y\partial x}=$__________.

(5) 若 $z=\ln(\sqrt{x}+\sqrt{y})$,则 $x\frac{\partial z}{\partial x}+y\frac{\partial z}{\partial y}=$__________.

(6) 若 $u=e^{xy}\sin z$,则$\frac{\partial^3 u}{\partial x\partial y\partial z}=$__________;$\frac{\partial^3 u}{\partial y\partial z\partial x}=$__________.

2.求下列函数的一阶偏导数:

(1) $z=x^2\arctan\frac{y}{x}+y^2\arctan\frac{x}{y}$;

(2) $u=x^{y^z}$;

(3) $z=\ln\tan\frac{x}{y}$;

(4) $z=x^y\sin^2(xy)$;

3.设 $f(x,y)=x^2e^{y^2}+(x-1)\arcsin\frac{y}{x}$,求 $f_x(1,0)$,$f_y(1,0)$.

4. 设 $T=\pi\sqrt{\dfrac{l}{g}}$,求证:$l\dfrac{\partial T}{\partial l}+g\dfrac{\partial T}{\partial g}=0$.

5. 求曲线 $\begin{cases} z=\sqrt{1+x^2+y^2} \\ x=1 \end{cases}$ 在 $(1,1,\sqrt{3})$ 处的切线与 y 轴正向所成的角度.

6. 求下列函数的二阶偏导数:

(1) $z=x^{2y}$;

(2) $z=\arctan\dfrac{y}{x}$.

B 类题

1. 设 $r=\sqrt{x^2+y^2+z^2}$，证明：$\dfrac{\partial^2(\ln r)}{\partial x^2}+\dfrac{\partial^2(\ln r)}{\partial y^2}+\dfrac{\partial^2(\ln r)}{\partial z^2}=\dfrac{1}{r^2}$.

2. 证明：不存在 $f(x,y)$ 同时满足 $\dfrac{\partial f}{\partial x}=y$，$\dfrac{\partial f}{\partial y}=2x$.

3. 已知 $f(x,y)=\begin{cases}\dfrac{x^2y}{x^2+y^2} & (x,y)\neq(0,0)\\ 0 & (x,y)=(0,0)\end{cases}$，

(1) $f(x,y)$ 在 $(0,0)$ 处是否连续？

(2) $f_x(0,0)$ 与 $f_y(0,0)$ 是否存在？

第三节　全微分

本节要求读者了解多元函数全微分的概念,理解全微分存在的必要条件和充分条件.

1. 二元函数的全微分的定义;

2. 二元函数可微的必要条件及充分条件.

例 1　求证:$f(x,y)=\sqrt{|xy|}$在原点(0,0)处连续,$f'_x(0,0)$和$f'_y(0,0)$存在,但函数$f(x,y)$在(0,0)处不可微.

分析: 二元函数$z=f(x,y)$在点(x,y)是否可微可通过当$(\Delta x,\Delta y)\to(0,0)$时,全增量与全微分的差值$\Delta z-[f_x(x,y)\Delta x+f_y(x,y)\Delta y]$是否是$\rho=\sqrt{(\Delta x)^2+(\Delta y)^2}$的高阶无穷小来证明.

证明: $\lim\limits_{\substack{x\to0\\y\to0}}f(x,y)=0=f(0,0)$,所以函数连续. 又$f(x,0)=f(0,y)=0$,所以$f'_x(0,0)$和$f'_y(0,0)$存在且都等于0.

$\Delta f-[f'_x(0,0)\cdot\Delta x+f'_y(0,0)\cdot\Delta y]=\sqrt{|\Delta x\Delta y|}$,

考虑$\lim\limits_{\substack{\Delta x\to0\\\Delta y\to0}}\dfrac{\sqrt{|\Delta x\Delta y|}}{\sqrt{(\Delta x)^2+(\Delta y)^2}}$,若极限不存在,则不可微. 在当沿着路径$\Delta y=k\Delta x$趋于(0,0)时,$\lim\limits_{\substack{\Delta x\to0\\\Delta y\to0}}\dfrac{\sqrt{|\Delta x\Delta y|}}{\sqrt{(\Delta x)^2+(\Delta y)^2}}=\lim\limits_{\substack{\Delta x\to0\\\Delta y\to0}}\dfrac{|\Delta x|\sqrt{|k|}}{|\Delta x|\sqrt{1+k^2}}=\lim\limits_{\substack{\Delta x\to0\\\Delta y\to0}}\dfrac{\sqrt{|k|}}{\sqrt{1+k^2}}$,与数$k$有关,即路径不同有不同的极限,所以极限不存在,故不可微.

例 2　证明函数$f(x,y)=\begin{cases}(x^2+y^2)\sin\dfrac{1}{x^2+y^2}, & (x,y)\neq(0,0)\\0, & (x,y)=(0,0)\end{cases}$在(0,0)处:

(1) 偏导数存在但不连续;(2)函数可微.

证明: (1) $f(x,0)=x^2\sin\dfrac{1}{x^2}$,$f'_x(0,0)=\lim\limits_{x\to0}\dfrac{x^2\sin\dfrac{1}{x^2}}{x}=0$,同理可得$f'_y(0,0)=0$,即两个偏导数存在.

$$f'_y(x,y)=2y\sin\frac{1}{x^2+y^2}+(x^2+y^2)\left(-\frac{2y}{(x^2+y^2)^2}\right)\cos\frac{1}{x^2+y^2}$$

$$=2y\sin\frac{1}{x^2+y^2}-\frac{2y}{x^2+y^2}\cos\frac{1}{x^2+y^2},$$

当$(x,y)\neq(0,0)$，考虑当(x,y)沿着直线 $x=0$ 趋向于$(0,0)$时，$\lim\limits_{\substack{x\to0\\y\to0}}f'_y(x,y)=$ $\lim\limits_{y\to0}(2y\sin\frac{1}{y^2}-\frac{2}{y}\cos\frac{1}{y^2})$不存在，所以偏导数 $f'_y(x,y)$不连续，同理可得另外一个偏导数也不连续.

(2) $\lim\limits_{\substack{\Delta x\to0\\\Delta y\to0}}\frac{\Delta f-[f'_x(0,0)\Delta x+f'_y(0,0)\Delta y]}{\sqrt{(\Delta x)^2+(\Delta y)^2}}=\lim\limits_{\substack{\Delta x\to0\\\Delta y\to0}}\sqrt{(\Delta x)^2+(\Delta y)^2}\sin\frac{1}{(\Delta x)^2+(\Delta y)^2}$ $=0$，所以函数在原点是可微的，证毕.

A 类题

1. 填空题：

(1) 若函数 $z=e^{xy}$，则 $dz=$____________________.

(2) 若函数 $u=e^{ax+by+cz}$，则 $du=$____________________.

(3) 若函数 $z=\arctan\frac{x+y}{1-xy}$，则 $dz=$____________________.

(4) 函数 $z=\ln(x^2+y^2)$在点$(1,1)$处的全微分为____________________.

2. 求 $z=x^2y^3$ 在 $x=2,y=-1,\Delta x=0.02,\Delta y=-0.01$ 时的全微分、全增量.

3. 求下列函数的全微分：

(1) $z=\arcsin\frac{x}{y}$；

(2) $u=e^{x(x^2+y^2+z^2)}$；

(3) $f(x,y,z)=(\frac{x}{y})^{\frac{1}{z}}$，求 $df(1,1,1)$.

B类题

已知函数 $f(x,y)=\begin{cases}(x^2+y^2)\sin\dfrac{1}{x^2+y^2}, & (x,y)\neq(0,0)\\ 0, & (x,y)=(0,0)\end{cases}$，证明 $f(x,y)$：

(1)在点(0,0)处偏导数存在但偏导数不连续；

(2)在点(0,0)处可微.

第四节　多元复合函数的求导法则

本节要求读者理解多元函数的复合函数微分法，了解全微分形式不变性.

1. 一元函数与多元函数复合、多元函数与多元函数复合及其他多元函数复合的求导法则；

2. 二元函数的全微分形式不变性.

例1　设函数 $z=f(u,v)$，$f(u,v)$具有二阶连续偏导数. $u=\sin t$，$v=t^2$，求$\dfrac{\mathrm{d}^2z}{\mathrm{d}t^2}$.

分析：这是一个自变量、多个中间变量的复合函数求全导数的问题。计算的关键在于分清因变量、中间变量与自变量.

解：$\because \frac{dz}{dt}=\frac{\partial f}{\partial u}\frac{du}{dt}+\frac{\partial f}{\partial v}\frac{dv}{dt}=\cos t\ \frac{\partial f}{\partial u}+2t\ \frac{\partial f}{\partial v}$,

$$\therefore \frac{d^2z}{dt^2}=-\sin t\ \frac{\partial f}{\partial u}+\cos t\ \frac{d}{dt}(\frac{\partial f}{\partial u})+2\frac{\partial f}{\partial v}+2t\ \frac{d}{dt}(\frac{\partial f}{\partial v})$$

$$=-\sin t\ \frac{\partial f}{\partial u}+\cos t(\frac{\partial^2 f}{\partial u^2}\frac{du}{dt}+\frac{\partial^2 f}{\partial u\partial v}\frac{dv}{dt})+2\frac{\partial f}{\partial v}+2t(\frac{\partial^2 f}{\partial v\partial u}\frac{du}{dt}+\frac{\partial^2 f}{\partial v^2}\frac{dv}{dt})$$

$$=-\sin t\ \frac{\partial f}{\partial u}+\cos t(\cos t\ \frac{\partial^2 f}{\partial u^2}+2t\ \frac{\partial^2 f}{\partial u\partial v})+2\frac{\partial f}{\partial v}+2t(\cos t\ \frac{\partial^2 f}{\partial v\partial u}+2t\ \frac{\partial^2 f}{\partial v^2})$$

$$=-\sin t\ \frac{\partial f}{\partial u}+\cos^2 t\ \frac{\partial^2 f}{\partial u^2}+4t\cos t\ \frac{\partial^2 f}{\partial u\partial v}+2\frac{\partial f}{\partial v}+4t^2\ \frac{\partial^2 f}{\partial v^2}$$

例 2　$z=\left(\tan\frac{y}{x}\right)^{\frac{1}{y}}$,求$\frac{\partial z}{\partial x}$,$\frac{\partial z}{\partial y}$.

分析：求$\frac{\partial z}{\partial x}$时,我们视 y 为常量.相应的,求$\frac{\partial z}{\partial y}$时,视 x 为常量.注意 z 关于 y 是幂指函数,因此有两种解法:(1)取对数后求导数;(2)借助于指数函数求导数.

解：$\frac{\partial z}{\partial x}=\frac{1}{y}(\tan\frac{y}{x})^{\frac{1}{y}-1}\cdot\sec^2\frac{y}{x}\cdot(-\frac{y}{x^2})=-\frac{1}{x^2}(\tan\frac{y}{x})^{\frac{1}{y}-1}\cdot\sec^2\frac{y}{x}$

求解$\frac{\partial z}{\partial y}$有两种解法:

解法 1：$\because z=(\tan\frac{y}{x})^{\frac{1}{y}}=e^{\frac{1}{y}\ln(\tan\frac{y}{x})}$,

$$\therefore \frac{\partial z}{\partial y}=e^{\frac{1}{y}\ln(\tan\frac{y}{x})}\left[-\frac{1}{y^2}\ln(\tan\frac{y}{x})+\frac{1}{y}\cot\frac{y}{x}\sec^2\frac{y}{x}\cdot\frac{1}{x}\right]$$

$$=(\tan\frac{y}{x})^{\frac{1}{y}}\left[-\frac{1}{y^2}\ln(\tan\frac{y}{x})+\frac{1}{xy}\cot\frac{y}{x}\sec^2\frac{y}{x}\right]$$

解法 2：$\because \ln z=\frac{1}{y}\ln(\tan\frac{y}{x})$ 将等式两端对 y 求导,得

$$\frac{1}{z}\frac{\partial z}{\partial y}=-\frac{1}{y^2}\ln(\tan\frac{y}{x})+\frac{1}{y}\cot\frac{y}{x}\sec^2\frac{y}{x}\cdot\frac{1}{x},$$

$$\therefore \frac{\partial z}{\partial y}=(\tan\frac{y}{x})^{\frac{1}{y}}\left[-\frac{1}{y^2}\ln(\tan\frac{y}{x})+\frac{1}{xy}\cot\frac{y}{x}\sec^2\frac{y}{x}\right]$$

例 3　设 $f(u,v)$具有二阶连续偏导数,且满足$\frac{\partial^2 f}{\partial u^2}+\frac{\partial^2 f}{\partial v^2}=1$,又 $g(x,y)=f[xy,\frac{1}{2}(x^2-y^2)]$,求$\frac{\partial^2 g}{\partial x^2}+\frac{\partial^2 g}{\partial y^2}$.

解：$\frac{\partial g}{\partial x}=y\ \frac{\partial f}{\partial u}+x\ \frac{\partial f}{\partial v}$,$\frac{\partial g}{\partial y}=x\ \frac{\partial f}{\partial u}-y\ \frac{\partial f}{\partial v}$.因为

$$\frac{\partial^2 g}{\partial x^2}=y^2\frac{\partial^2 f}{\partial u^2}+xy\frac{\partial^2 f}{\partial u\partial v}+x^2\frac{\partial^2 f}{\partial v^2}+\frac{\partial f}{\partial v},$$

$$\frac{\partial^2 g}{\partial y^2}=x^2\frac{\partial^2 f}{\partial u^2}-xy\frac{\partial^2 f}{\partial u\partial v}+y^2\frac{\partial^2 f}{\partial v^2}-\frac{\partial f}{\partial v},$$

所以，$\frac{\partial^2 g}{\partial x^2}+\frac{\partial^2 g}{\partial y^2}=(x^2+y^2)(\frac{\partial^2 f}{\partial u^2}+\frac{\partial^2 f}{\partial v^2})=x^2+y^2$.

A类题

1. 填空题：

(1) 设 $z=f(u,v)$ 有连续偏导数，$u=\varphi(x)$，$v=\psi(x)$ 都可导，则 $\frac{\mathrm{d}z}{\mathrm{d}x}=$__________.

(2) 设 $z=f(u,v)$ 和 $u=u(x,y)$ 都有连续偏导数，而 $v=v(x)$ 可导，则 $\frac{\partial z}{\partial x}=$__________，$\frac{\partial z}{\partial y}=$__________.

(3) 设 $z=vx+2y$，$v=\ln(xy)$，则 $\frac{\partial z}{\partial y}=$__________.

2. 验证函数 $z=\arctan\frac{x}{y}$ 满足关系式 $\frac{\partial z}{\partial u}+\frac{\partial z}{\partial v}=\frac{u-v}{u^2+v^2}$，其中 $x=u+v$，$y=u-v$.

3. 设 $u=\frac{e^{ax}(y-z)}{a^2+1}$，而 $y=a\sin x$，$z=\cos x$，求 $\frac{\mathrm{d}u}{\mathrm{d}x}$.

4. 设 $z=u^2\ln v$，$u=\frac{x}{y}$，$v=2x-y$，求 $\frac{\partial z}{\partial x}$，$\frac{\partial z}{\partial y}$.

5. 求下列函数的一阶偏导数(其中 f 具有一阶连续偏导数)：

(1) $z=\dfrac{y}{f(x^2-y^2)}$；

(2) $z=f(x^2-y^2,\mathrm{e}^{xy})$；

(3) $u=f(x,xy,xyz)$.

6. 设 $u=yf(x,\dfrac{x}{y})$，求$\dfrac{\partial^2 u}{\partial y^2}$，$\dfrac{\partial^2 u}{\partial x\partial y}$.

7. 设 $u=\varphi(x+at)+\psi(x-at)$，其中 φ,ψ 为任意的二阶可微函数，证明：

$$\frac{\partial^2 u}{\partial t^2}=a^2\frac{\partial^2 u}{\partial x^2}.$$

B类题

1. 设 $u=f(x,y)$, $x=\rho\cos\theta$, $y=\rho\sin\theta$, 证明：$\frac{\partial^2 u}{\partial x^2}+\frac{\partial^2 u}{\partial y^2}=\frac{\partial^2 u}{\partial \rho^2}+\frac{1}{\rho^2}\frac{\partial^2 u}{\partial \theta^2}+\frac{1}{\rho}\frac{\partial u}{\partial \rho}$.

2. 设 $u=xy$, $v=\frac{x}{y}$,试以 u,v 为新变量变换方程 $x^2\frac{\partial^2 z}{\partial x^2}-y^2\frac{\partial^2 z}{\partial y^2}=0$(假定方程中的函数有连续的二阶偏导数).

3. 设函数 $z=f(x,y)$在点(1,1)处可微,且 $f(1,1)=1$, $\left.\frac{\partial f}{\partial x}\right|_{(1,1)}=2$, $\left.\frac{\partial f}{\partial y}\right|_{(1,1)}=3$, $\varphi(x)=f(x,f(x,x))$,求$\left.\frac{\mathrm{d}}{\mathrm{d}x}\varphi^3(x)\right|_{x=1}$.

4. 已知 $z=\ln(x+y^2)$，用全微分形式的不变性求 $\dfrac{\partial z}{\partial x},\dfrac{\partial z}{\partial y}$.

第五节　隐函数的求导公式

本节要求读者会求隐函数(包括由方程组确定的隐函数)的偏导数.

知识要点

1. 二元方程及三元方程的隐函数存在定理；
2. 四元方程组的隐函数存在定理；
3. 隐函数的求导方法(公式法、直接法、微分法).

典型例题

例 1　设函数 $z=z(x,y)$ 和 $x=x(y,z)$ 分别由方程 $xe^y+ye^z+ze^x=a$ 确定，分别求 $\dfrac{\partial z}{\partial x}$ 和 $\dfrac{\partial x}{\partial y}$.

分析：单个多元方程的隐函数的求导问题比较灵活，一般可采用公式法、直接法、微分法求解.

解：设原方程确定函数 $z=z(x,y)$. 先求 $\dfrac{\partial z}{\partial x}$.

解法 1：(公式法)记 $F(x,y,z)=xe^y+ye^z+ze^x-a$.

$$\because F_x=e^y+ze^x,F_z=ye^z+e^x,\qquad \therefore \frac{\partial z}{\partial x}=-\frac{F_x}{F_z}=-\frac{e^y+ze^x}{ye^z+e^x}$$

解法 2：(直接法)将 z 看做 x,y 的函数，在原方程两端对 x 求导，得

$$e^y+ye^z\frac{\partial z}{\partial x}+e^x\frac{\partial z}{\partial x}+ze^x=0,\qquad \therefore \frac{\partial z}{\partial x}=-\frac{e^y+ze^x}{ye^z+e^x}$$

解法 3:(微分法)原方程两端求微分得

$$e^y dx + x e^y dy + e^z dy + y e^z dz + e^x dz + z e^x dx = 0,$$

整理成 $$dz = -\frac{e^y + z e^x}{y e^z + e^x} dx - \frac{e^z + x e^y}{y e^z + e^x} dy,$$

与微分公式 $dz = \frac{\partial z}{\partial x} dx + \frac{\partial z}{\partial y} dy$ 比较 dx 系数,可得 $\frac{\partial z}{\partial x} = -\frac{e^y + z e^x}{y e^z + e^x}$

再设原方程确定函数 $x = x(y,z)$,用直接法求$\frac{\partial x}{\partial y}$. 原方程两端对 y 求导数,得

$$\frac{\partial x}{\partial y} e^y + x e^y + e^z + z e^x \frac{\partial x}{\partial y} = 0, \qquad \therefore \frac{\partial x}{\partial y} = -\frac{x e^y + e^z}{z e^z + e^y}$$

例 2 设 $y = y(x), z = z(x)$是由方程 $z = xf(x+y)$和 $F(x,y,z) = 0$ 所确定的函数,其中 f 和F 分别具有一阶连续导数和一阶连续偏导数,求$\frac{dz}{dx}$.

分析:问题为两个三元函数组成的方程组,x,y,z 三个变量中只有 x 独立变化,y,z 为关于x 的因变量,因此对两个方程两端同时对 x 求导.

解:分别在 $z = xf(x+y)$和 $F(x,y,z) = 0$ 的两端对 x 求导,得

$$\begin{cases} \frac{dz}{dx} = f + x(1 + \frac{dy}{dx}) f' \\ F_x + F_y \frac{dy}{dx} + F_z \frac{dz}{dx} = 0 \end{cases} \text{整理后得} \begin{cases} -xf' \frac{dy}{dx} + \frac{dz}{dx} = f + xf' \\ F_y \frac{dy}{dx} + F_z \frac{dz}{dx} = -F_x \end{cases} \text{由此解得}$$

$$\frac{dz}{dx} = \frac{(f + xf')F_y - xf'F_x}{F_y + xf'F_z} (F_y + xf'F_z \neq 0)$$

例 3 设 $y = g(x,z)$,而 z 是由方程 $f(x-z,xy) = 0$ 所确定的函数,求$\frac{dz}{dx}$.

解:把方程 $y = g(x,z)$和 $f(x-z,xy) = 0$ 两边对 x 求导,得

$$\begin{cases} \frac{dy}{dx} = g'_1 + g'_2 \frac{dz}{dx} \\ f'_1(1 - \frac{dz}{dx}) + f'_2(y + x \frac{dy}{dx}) = 0 \end{cases}, \text{解得} \quad \frac{dz}{dx} = \frac{f'_1 + yf'_2 + xf'_2 g'_1}{f'_1 - xf'_2 g'_2}.$$

A 类题

1. 设 $y = f(x)$由下列方程确定,求$\frac{dy}{dx}$.

(1) $\cos y + e^x - xy^3 = 0$;

(2) $\ln\sqrt{x^2+y^2}=\arctan\dfrac{y}{x}$.

2. 设 $f'(u)$连续，且 $x+z=yf(x^2-z^2)$，求 $z\dfrac{\partial z}{\partial x}+y\dfrac{\partial z}{\partial y}$.

3. 设 $x^2+2y^2+3z^2+xy-z=0$，在 $x=1,y=-2,z=1$ 处求$\dfrac{\partial z}{\partial x},\dfrac{\partial z}{\partial y},\dfrac{\partial^2 z}{\partial x\partial y}$.

4. 设 $z^3-3xyz=a^3$，求$\dfrac{\partial^2 z}{\partial x\partial y}$.

5. 设 $z=f(xz,z-y)$，其中 f 有一阶连续偏导数，求 $\mathrm{d}z$.

B 类题

1. 求由下列方程组确定的函数的导数或偏导数：

(1) 设$\begin{cases} z=x^2+y^2 \\ x^2+2y^2+3z^2=20 \end{cases}$，求$\dfrac{\mathrm{d}y}{\mathrm{d}x}$，$\dfrac{\mathrm{d}z}{\mathrm{d}x}$；

(2) 设$\begin{cases} x=u+v \\ y=u^2+v^2 \end{cases}$，求$\dfrac{\partial u}{\partial x}$，$\dfrac{\partial u}{\partial y}$；

(3) 设$\begin{cases} u=f(ux,v+y) \\ v=g(u-x,v^2y) \end{cases}$，其中 f，g 具有一阶连续偏导数，求$\dfrac{\partial u}{\partial x}$，$\dfrac{\partial v}{\partial x}$.

2. 设 $u=f(x,y,z)$ 有连续的一阶偏导数，函数 $y=y(x)$ 及 $z=z(x)$ 分别由下列方程确定：$e^{xy}-xy=2, e^{x}=\int_{0}^{x-z}\frac{\sin t}{t}dt$，求$\frac{du}{dx}$.

第六节　多元函数微分学的几何应用

本节要求读者了解一元向量值函数及其导数的概念与计算方法，了解曲线的切线和法平面以及曲面的切平面与法线，并会求它们的方程.

1. 一元向量值函数及其极限、连续性、导数的概念与计算方式；
2. 空间曲线的表达形式的切线与法平面方程的计算方式；
3. 曲面的切平面与法线的计算方式.

例 1　求曲线 $\Gamma: x=\int_{0}^{t}e^{u}\cos u\,du, y=2\sin t+\cos t, z=1+e^{3t}$ 在 $t=0$ 处的切线和法平面方程.

分析： 题目中曲线方程由参数方程给出，要求在某点处的切线与法平面应先求此点处的一个切向量.

解： 当 $t=0$ 时，$x=0, y=1, z=2, x'=e^{t}\cos t, y'=2\cos t-\sin t, z'=3e^{3t}, \Rightarrow x'(0)=1, y'(0)=2, z'(0)=3$，切线方程$\frac{x-0}{1}=\frac{y-1}{2}=\frac{z-2}{3}$，法平面方程 $x+2(y-1)+3(z-2)=0$，即 $x+2y+3z-8=0$.

例 2　求椭球面$\frac{x^{2}}{24}+\frac{y^{2}}{12}+\frac{z^{2}}{6}=1$ 与平面 $x=2$ 的交线在 $y=3, z>0$ 的点处的切线方程.

分析：这类题首先要读清题意，是曲线还是切线？还是曲线求作切平面？曲线是由哪一种形式给出的？或者曲面是由哪一种形式给出的？

解：此题中空间曲线由$\begin{cases}\dfrac{x^2}{24}+\dfrac{y^2}{12}+\dfrac{z^2}{6}=1\\ x=2\end{cases}$给出，是两个曲面相交而成，将 $x=2,y=3$ 代入椭圆方程，并注意到 $z>0$，得 $z=\dfrac{\sqrt{2}}{2}$，即知切点 $M_0(2,3,\dfrac{\sqrt{2}}{2})$.

记 $F(x,y,z)=\dfrac{x^2}{24}+\dfrac{y^2}{12}+\dfrac{z^2}{6}-1$, $G(x,y,z)=x-2$.

$$\because \begin{vmatrix} i & j & k \\ F_x & F_y & F_z \\ G_x & G_y & G_z \end{vmatrix}_{M_0}=\begin{vmatrix} i & j & k \\ \dfrac{x}{12} & \dfrac{y}{6} & \dfrac{z}{3} \\ 1 & 0 & 0 \end{vmatrix}=\left\{0,\frac{\sqrt{2}}{6},-\frac{1}{2}\right\}=\frac{1}{2}\left\{0,\frac{\sqrt{2}}{3},-1\right\},$$

$\therefore$点 $M(2,3,\dfrac{\sqrt{2}}{2})$处的切线方程为$\dfrac{x-2}{0}=\dfrac{y-3}{\frac{\sqrt{2}}{3}}=\dfrac{z-\frac{\sqrt{2}}{2}}{-1}$，即$\begin{cases}x=2,\\ 3y+\sqrt{2}z=10\end{cases}$为所求.

例 3 设直线 L：$\begin{cases}x+y+b=0\\ x+ay-z-3=0\end{cases}$在平面 π 上，而平面 π 与曲面 $z=x^2+y^2$ 相切于点$(1,-2,5)$，求 a,b 之值.

分析：平面与曲面相切于一点，则平面的法向量与曲面在此点处的法向量平行.

解：设过 L 的平面方程为 $x+ay-z-3+\lambda(x+y+b)=0$

即$(1+\lambda)x+(a+\lambda)y-z-3+\lambda b=0$

曲面 $z=x^2+y^2$ 在点$(1,-2,5)$处的法向量 $n=\{2,-4,-1\}$，由题设知

$$\frac{1+\lambda}{2}=\frac{a+\lambda}{-4}=\frac{-1}{-1}\text{，易得 }\lambda=1,a=-5$$

又点$(1,-2,5)$在 π 上，故$(1+\lambda)-2(a+\lambda)-8+\lambda b=0$，故得 $b=-2$.

A 类题

1. 填空题：

(1)曲线$\begin{cases}x=t^3\\ y=t^2\\ z=t^2+t\end{cases}$ 在 $t=1$ 时的切线方程是________________，法平面方程是________________.

(2)曲面 $z=2x^2+2y^2-1$ 在点$(1,2,9)$处的切平面方程是________________，法线方程是________________.

2.求下列曲线在指定点的切线和法平面方程：

(1)曲线$\begin{cases} x=\cos t \\ y=\sin t \\ z=2t \end{cases}$，点 $t=\pi$.

(2)曲线$\begin{cases} z=x^2+y^2+z^2-3x=0 \\ 2x-3y+5z-4=0 \end{cases}$,点 $M(1,1,1)$.

3.求下列曲面在指定点的切平面和法线方程：

(1)曲面 $z=xy$,点 $M(1,2,2)$；

(2)曲面 $e^z-z+xy=3$,点 $M(2,1,0)$.

4. 求曲线在 $x=t, y=t^2, z=t^3$ 处的点，使该点的切线平行于平面 $x+2y+z=4$.

5. 证明：$Ax^2+By^2+Cz^2=D$ 上任意点 $M(x_0, y_0, z_0)$ 处的切平面方程为：$Ax_0x+By_0y+Cz_0z=D$.

第七节　方向导数与梯度

本节要求读者了解方向导数的定义、存在性及计算方法，理解梯度的概念及其计算方法.

1. 方向导数的定义及计算方法；
2. 梯度的定义及计算方法；
3. 函数在一点的梯度与函数在这点的方向导数间的关系.

例 1　证明函数 $z=\sqrt{x^2+y^2}$ 在原点处偏导数不存在，但在原点处沿任何方向的方向导数均存在，且都等于 1.

分析：证明这两条需利用偏导数与方向导数的定义. 此例说明方向导数存在的时候，偏导数不一定存在；可微是方向导数存在的充分条件，而非必要条件.

证明：由于$\lim\limits_{\Delta x\to 0}\dfrac{\sqrt{(0+\Delta x)^2+0^2}-\sqrt{0^2+0^2}}{\Delta x}=\lim\limits_{\Delta x\to 0}\dfrac{|\Delta x|}{\Delta x}$不存在，因此函数在原点处关于 x 的偏导数不存在；同理，关于 y 的偏导数也不存在.

方向导数：$\dfrac{\partial z}{\partial l}=\lim\limits_{\substack{x\to 0\\ y\to 0}}\dfrac{f(0+t\cos\alpha,0+t\cos\beta)-f(0,0)}{t}$

$$=\lim_{\substack{x\to 0\\ y\to 0}}\frac{f(0+t\cos\alpha,0+t\cos\beta)-f(0,0)}{t}$$

$$=\lim_{\substack{x\to 0\\ y\to 0}}\frac{\sqrt{x^2+y^2}-0}{\sqrt{x^2+y^2}}=1$$

例 2　求函数 $u=\ln(x+\sqrt{y^2+z^2})$在点 $M(1,0,1)$沿点 M 指向 $N(3,-2,2)$方向的方向余弦、梯度及方向导数。

分析：求函数在某点处沿某方向的方向导数可先求该方向的方向余弦，再求该点处的梯度，最后根据方向导数等于方向余弦与梯度的点积来得到结果.

解：先求 $\overrightarrow{MN}$ 的方向余弦：$\overrightarrow{MN}=(3-1,-2-0,2-1)=(2,-2,1)$，

$\boldsymbol{l}=\overrightarrow{MN}/|\overrightarrow{MN}|=(\cos\alpha,\cos\beta,\cos\gamma)=\dfrac{1}{3}(2,-2,1)$

再求梯度：

$$\mathrm{grad}u\,|_{(1,0,1)}=\left(\frac{\partial u}{\partial x},\frac{\partial u}{\partial y},\frac{\partial u}{\partial z}\right)\bigg|_{(1,0,1)}$$

$$=\frac{1}{x+\sqrt{y^2+z^2}}\left(1,\frac{y}{\sqrt{y^2+z^2}},\frac{z}{\sqrt{y^2+z^2}}\right)\bigg|_{(1,0,1)}$$

$$=\left(\frac{1}{2},0,\frac{1}{2}\right),$$

于是，$\dfrac{\partial u}{\partial \boldsymbol{l}}\bigg|_{(1,0,1)}=\dfrac{\partial u}{\partial x}\bigg|_{(1,0,1)}\cos\alpha+\dfrac{\partial u}{\partial y}\bigg|_{(1,0,1)}\cos\beta+\dfrac{\partial u}{\partial z}\bigg|_{(1,0,1)}\cos\gamma=\dfrac{1}{2}\times\dfrac{2}{3}+\dfrac{1}{2}\times\dfrac{1}{3}=\dfrac{1}{2}$.

例 3　设 $u=xyz+z^2$，求梯度 $\mathrm{grad}u$，并求在点 $M(0,1,-1)$处方向导数的最大(小)值.

分析：方向导数的最大值为梯度的模，最小值为梯度的模的相反数.

解：$\because \mathrm{grad}u=\left(\dfrac{\partial u}{\partial x},\dfrac{\partial u}{\partial y},\dfrac{\partial u}{\partial z}\right)=(yz,xz,xy+2z)$

$\therefore \mathrm{grad}u\,|_{(0,1,-1)}=(yz,xz,xy+2z)\,|_{(0,1,-1)}=(-1,0,-2)$

因此，方向导数的最大值为 $\max\left\{\dfrac{\partial u}{\partial l}\bigg|_{(0,1,-1)}\right\}=\big|\,\mathrm{grad}u\,|_{(0,1,-1)}\big|=\sqrt{5}$，最小值为 $\min\left\{\dfrac{\partial u}{\partial l}\bigg|_{(0,1,-1)}\right\}=-\big|\,\mathrm{grad}u\,|_{(0,1,-1)}\big|=-\sqrt{5}$.

A 类题

1. 填空题：

(1) 函数 $z=xe^{2y}$ 在点 $P(1,0)$处沿 P 到 $Q(2,-1)$的方向导数是__________.

(2) 设 $z=3x^2+2y^2$，则 $|\mathrm{grad}z|_{(-1,2)}|$ __________.

(3) 设 $z=\arctan(xy)$，则 $\mathrm{grad}z=$ __________.

2. 求 $z=x^2+y^2$ 在点(1,2)处沿从点(1,2)到点$(2,2+\sqrt{3})$的方向导数.

3. 求 $z=1-\dfrac{x^2}{a^2}-\dfrac{y^2}{b^2}$在点 $M_0\left(\dfrac{a}{\sqrt{2}},\dfrac{b}{\sqrt{2}}\right)$处沿曲线$\dfrac{x^2}{a^2}+\dfrac{y^2}{b^2}=1$ 在该点的内法线方向的方向导数.

4. 求 $u=x^2+y^2+z^2$ 在点 $M_0(x_0,y_0,z_0)$处沿 u 在此点的等势面的外法线方向的方向导数.

5. 求 $u=x+xy+xyz$ 在点 $M_0(1,2,-1)$ 处的梯度，并求沿梯度方向的方向导数.

第八节　多元函数的极值及其求法

本节要求读者理解二元函数极值与条件极值的概念，了解二元函数取得极值的必要条件与充分条件，会求二元函数的极值，了解求条件极值的拉格朗日乘数法，会求解较简单的最大值与最小值的应用问题.

1. 二元函数极值与条件极值的概念；
2. 二元函数取得极值的必要条件与充分条件；
3. 拉格朗日乘数法.

例 1　求由方程 $x^2+y^2+z^2-2x+2y-4z-10=0$ 所确定的函数 $z=f(x,y)$ 的极值.

分析：极值点的可疑点为驻点或者偏导数不存在的点，找出可疑点后利用极值的充分条件验证是否为极值点.

解：对方程两边分别关于 x,y 求偏导，得

$$\begin{cases}2x+2z\dfrac{\partial z}{\partial x}-2-4\dfrac{\partial z}{\partial x}=0\\2y+2z\dfrac{\partial z}{\partial y}-2-4\dfrac{\partial z}{\partial y}=0\end{cases}$$

令 $\dfrac{\partial z}{\partial x}=\dfrac{\partial z}{\partial y}=0$，得 $x=1,y=-1$，即驻点为 $P(1,-1)$.

又 $A=\dfrac{\partial^2 z}{\partial x^2}\Big|_P=\dfrac{(z-2)^2+(1+y)^2}{(2-z)^3}\Big|_P=\dfrac{1}{2-z}$，$C=\dfrac{\partial^2 z}{\partial y^2}\Big|_P=\dfrac{(z-2)^2+(1+y)^2}{(2-z)^3}\Big|_P$，

$B=\left.\dfrac{\partial^2 z}{\partial x\partial y}\right|_P=0$,

由于 $AC-B^2=\dfrac{1}{(2-z)^2}>0, z\neq 2$,故 P 处函数取得极值.

将 $x=1, y=-1$ 代入原方程,得 $z_1=-2, z_2=6$

当 $z=-2$ 时,$A=\dfrac{1}{2-z}=\dfrac{1}{4}>0$,故函数 $z=f(x,y)$ 取得极小值,

当 $z=6$ 时,$A=\dfrac{1}{2-z}=-\dfrac{1}{4}<0$,故函数 $z=f(x,y)$ 取得极大值

例 2 已知函数 $z=f(x,y)$ 的全微分为 $dz=2xdx-2ydy$,并且 $f(1,1)=2$. 求 $z=f(x,y)$ 在椭圆域 $D=\left\{(x,y)\,\middle|\, x^2+\dfrac{y^2}{4}\leqslant 1\right\}$ 上的最大值和最小值.

分析: 讨论最值问题时,需考虑驻点、偏导数不存在的点以及边界上的点.

解: 由 $dz=2xdx-2ydy$ 可知 $z=x^2-y^2+C$,再由 $f(1,1)=2$ 得 $C=2$.

故 $z=x^2-y^2+2$

令 $\dfrac{\partial f}{\partial x}=2x=0, \dfrac{\partial f}{\partial y}=-2y=0$,解得驻点 $(0,0)$,在椭圆 $x^2+\dfrac{y^2}{4}=1$ 上,$z=x^2-(4-4x^2)+2$ 即 $z=5x^2+2(-1\leqslant x\leqslant 1)$,其最大值为 $z|_{x=\pm 1}=3$,最小值为 $z|_{x=0}=-2$,再与 $f(0,0)=2$ 比较,可知 $f(x,y)$ 在椭圆上的最大值为 3,最小值为 -2.

例 3 在椭圆 $x^2+4y^2=4$ 上求一点,使它到直线 $2x+3y-6=0$ 的距离最短.

分析: 问题为有附加条件(在椭圆上)的极值问题,因此采用拉格朗日乘数法.

解: 设 $P(x,y)$ 为椭圆上任意一点,则 $P(x,y)$ 到直线 $2x+3y-6=0$ 的距离为 $d=\dfrac{|2x+3y-6|}{\sqrt{13}}$,求 d 的最小值点即求 d^2 的最小值.

作 $F(x,y,\lambda)=\dfrac{1}{13}(2x+3y-6)^2+\lambda(x^2+4y^2-4)$,由拉格朗日乘数法,有

$$\frac{\partial F}{\partial x}=0, \frac{\partial F}{\partial y}=0, \frac{\partial F}{\partial \lambda}=0,\text{即}\begin{cases}\dfrac{4}{13}(2x+3y-6)+2\lambda x=0,\\ \dfrac{6}{13}(2x+3y-6)+8\lambda y=0,\\ x^2+4y^2-4=0,\end{cases}$$

解之得 $x_1=\dfrac{8}{5}, y_1=\dfrac{3}{5}; x_2=-\dfrac{8}{5}, y_2=-\dfrac{3}{5}$,于是 $d\Big|_{(x_1,y_1)}=\dfrac{1}{\sqrt{13}}$, $d\Big|_{(x_2,y_2)}=\dfrac{11}{\sqrt{13}}$,

由问题的实际意义知最短距离是存在的,因此 $\left(\dfrac{8}{5},\dfrac{3}{5}\right)$ 即为所求点.

A 类题

1. 填空题：

(1) 若(x_0,y_0)是可微函数$f(x,y)$的极值点，则$[f_x(x_0,y_0)]^2+[f_y(x_0,y_0)]^2=$____________________.

(2) 函数$z=(x-1)^2+(y+1)^2$的极值是________________(填"大"或"小").

(3) 对角线长为$2\sqrt{3}$的长方体的最大体积是____________________.

(4) 函数$z=x^2y(5-x-y)$在闭域D：$x\geqslant 0,y\geqslant 0,x+y\leqslant 4$上的最大值为________________，最小值为________________.

2. 求函数$z=x^4+y^4-x^2-2xy-y^2$的极值点和极值；

3. 求由方程$2x^2+2y^2+z^2+8xz-z+8=0$所确定的函数$z=z(x,y)$的极值.

4. 求函数$f(x,y)=x-x^2-y^2$在$D=\{(x,y)\mid x^2+y^2\leqslant 1\}$上的最大值和最小值.

B类题

1. 在椭圆$\frac{x^2}{a^2}+\frac{y^2}{b^2}=1$找一点$(x_0,y_0)$(该点在第一象限),使过该点的切线与两坐标轴所围三角形面积最小.

2. 抛物面$z=x^2+y^2$被平面$x+y+z=1$截成一椭圆,求原点到此椭圆的最长距离与最短距离.

3. 求曲面$x^2+y^2+z^2+xz+yz=2$的最高点和最低点.

第十一章　曲线积分与曲面积分

第一节　对弧长的曲线积分

本节要求读者理解第一类曲线积分的概念来源于非均匀曲线状物体的质量问题，第一类曲线积分定义为被积函数在一小段弧上在一点处的函数值与这小段弧长乘积和式的极限，弧长恒正，与方向无关.

1. 第一类曲线积分概念来源于非均匀曲线状物体的质量问题；

2. 第一类曲线积分定义为被积函数在一小段弧上一点的函数值与这小段弧长乘积和式的极限；

3. 第一类曲线积分弧长恒正，与方向无关；

4. 计算方法：参数法(三种情况)化为定积分计算.

典型例题

例 1　计算 $\int_L \sqrt{x^2+y^2}\,\mathrm{d}s$，$L$ 为圆周 $x^2+y^2=ax\,(a>0)$.

分析： 此 L 的参数方程有两种表达方式，圆的参数方程、极坐标方程

解法 1： $\begin{cases} x=\dfrac{a}{2}+\dfrac{a}{2}\cos t, \\ y=\dfrac{a}{2}\sin t \end{cases}$ $(0\leqslant t\leqslant 2\pi)$，把参数方程代入原式得

$$\int_L \sqrt{x^2+y^2}\,\mathrm{d}s=\frac{\sqrt{2}a^2}{4}\int_0^{2\pi}\sqrt{1+\cos t}\,\mathrm{d}t=\frac{\sqrt{2}a^2}{4}\int_0^{2\pi}\sqrt{2\cos^2\frac{t}{2}}\,\mathrm{d}t$$

$$=2a^2\int_0^{2\pi}\left|\cos\frac{t}{2}\right|\mathrm{d}t=2a^2$$

解法 2： $\begin{cases} x=a\cos^2\theta, \\ y=a\cos\theta\sin\theta, \end{cases}$ $\left(-\dfrac{\pi}{2}\leqslant\theta\leqslant\dfrac{\pi}{2}\right)$，$\mathrm{d}s=a\,\mathrm{d}\theta$，把参数方程代入原式得

$$\int_L \sqrt{x^2+y^2}\,\mathrm{d}s=\int_{-\frac{\pi}{2}}^{\frac{\pi}{2}} a^2\cos\theta\,\mathrm{d}\theta=2a^2$$

例 2 计算 $I=\int_L (x+y+z)\,\mathrm{d}s$，其中 L 为连接点(1,1,1)和点(2,3,4)的直线.

分析：需要读者能够正确写出直线的参数方程，便可用公式将第一类曲线积分化为定积分.

解：此直线 L 的参数方程为：

$$\frac{x-1}{1}=\frac{y-1}{2}=\frac{z-1}{3}=t$$

所以

$$\begin{cases} x=1+t, \\ y=1+2t, \ (0\leqslant t\leqslant 1), \\ z=1+3t, \end{cases}$$

则

$$\int_L (x+y+z)\,\mathrm{d}s=\int_0^1 (1+t+1+2t+1+3t)\sqrt{x'^2(t)+y'^2(t)+z'^2(t)}\,\mathrm{d}t$$

$$=\int_0^1 (3+6t)\sqrt{1+4+9}\,\mathrm{d}t=6\sqrt{14}$$

A 类题

1. 计算下列对弧长的曲线积分：

(1) $\int_L x\sin y\,\mathrm{d}s$，其中 L 为原点到点 $A(3,1)$ 的直线段；

(2) $\int_L \frac{1}{x-y}\mathrm{d}s$，$L$ 是连接 $A(0,-2)$ 和 $B(4,0)$ 的直线段；

(3) $\int_L \sqrt{x^2+y^2}\,\mathrm{d}s$，$L$ 为圆周 $x^2+y^2=ax$，$(a>0)$；

(4) $\int_L (x^{\frac{4}{3}} + y^{\frac{4}{3}}) \mathrm{d}s$，其中 L 为 $x = a\cos^3 t, y = a\sin^3 t, 0 \leqslant t \leqslant \frac{\pi}{2}$；

(5) $\int_L xy \mathrm{d}s$，L：正方形闭路 $|x| + |y| = a$，$(a > 0)$；

(6) $\int_L x \mathrm{d}s$，其中 L 为由直线 $y = x$ 及抛物线 $y = x^2$ 所围成区域的整个边界；

(7) $\int_\Gamma (5yz - 9xy) \mathrm{d}s$，$\Gamma$ 是从点 $A(1,0,1)$ 到点 $B(3,3,7)$ 的直线段；

(8) $\int_\Gamma \frac{z^2}{x^2 + y^2} \mathrm{d}s$，其中 Γ 为 $x = a\cos t, y = a\sin t, z = at, 0 \leqslant t \leqslant 2\pi$.

2. 已知物质曲线 $x=a, y=at, z=\frac{1}{2}at^2$,$(0\leqslant t\leqslant 1, a>0)$上点$(x,y,z)$处的线密度 $\mu=\sqrt{\frac{2z}{a}}$,试求此曲线的质量.

B类题

1. 计算曲线积分 $\int_L \sqrt{2y^2+z^2}\,\mathrm{d}s$, L 为圆周 $\begin{cases} x^2+y^2+z^2=a^2 \\ y=x \end{cases}$.

2. 求半径为 a,中心角为 2φ 的均匀圆弧(线密度 $\rho=1$)的重心.

3. 用曲线积分求曲线段 $y=x^2$, $0\leqslant x\leqslant 2$ 绕 y 轴旋转所得的曲面面积.

第二节　对坐标的曲线积分

本节要求读者理解第二类曲线积分概念来源于变力沿曲线做功等问题，第二类曲线积分定义为被积函数在一小段弧上任一点的函数值与这小段弧在坐标轴上的投影乘积和式的极限，曲线弧在坐标轴上的投影有正有负，与曲线方向有关；注意两类曲线积分之间的联系和区别.

1. 第二类曲线积分概念来源于变力沿曲线做功等问题；

2. 第二类曲线积分定义为被积函数在一小段弧上一点的函数值与这小段弧在坐标轴上的投影乘积和式的极限；

3. 第二类曲线积分曲线弧在坐标轴上的投影有正有负，与方向有关；

4. 第二类曲线积分改变弧的方向，积分变号；

5. 计算方法：参数法（三种情况）化为定积分计算；

6. 注意两类曲线积分之间的联系和区别.

例 1　计算$\int_L xy\mathrm{d}x$，其中 L 为抛物线 $y^2=x$ 上从点 $A(1,-1)$ 到点 $B(1,1)$ 的一段弧.

分析：此 L 的参数方程有两种表达方式.

解法 1：取 x 为参数，有向曲线 L 由 L_{AO}，L_{OB} 两部分组成：

$$L_{AO}: y=-\sqrt{x}, x: 1\to 0,$$

$$L_{OB}: y=\sqrt{x}, x: 0\to 1$$

代入原式得

$$\int_L xy\mathrm{d}x=\int_{L_{AO}} xy\mathrm{d}x+\int_{L_{OB}} xy\mathrm{d}x=\int_1^0 -x\sqrt{x}\mathrm{d}x+\int_0^1 x\sqrt{x}\mathrm{d}x$$

$$=2\int_0^1 x^{\frac{3}{2}}\mathrm{d}x=\frac{4}{5}$$

解法 2：取 y 为参数，有向曲线 L 的方程：

$$L_{AB}: y^2=x, y:-1\to 1$$

代入原式得

$$\int_L xy\mathrm{d}x=\int_{-1}^1 y^2\cdot y\cdot 2y\mathrm{d}y=2\int_{-1}^1 y^4\mathrm{d}y=4\int_0^1 y^4\mathrm{d}y=\frac{4}{5}$$

例 2 计算 $I=\int_L xy^2\mathrm{d}x+yz^2\mathrm{d}y-zx^2\mathrm{d}z$，其中 L 从原点 O 到 $A(-2,4,5)$ 的直线段.

分析： 需要读者能够正确写出直线的参数方程，便可用公式将第二类曲线积分化为定积分.

解： 此直线段 OA 的参数方程为：

$$x=-2t,y=4t,z=5t,\ t:0\to 1$$

代入原式得

$$I=\int_L xy^2\mathrm{d}x+yz^2\mathrm{d}y-zx^2\mathrm{d}z=\int_0^1(4t\cdot 16t^2+16t\cdot 25t^2-25t4t^2)\mathrm{d}t$$

$$=\int_0^1 364t^3\mathrm{d}t=91$$

A 类题

1. 计算 $\int_L(xy-1)\mathrm{d}x+x^2y\mathrm{d}y$，其中 L 分别为由点 $A(1,0)$ 到点 $B(0,2)$ 的下列曲线：

(1) 线段 $2x+y=2$；

(2) 抛物线 $4x+y^2=4$；

(3) 椭圆弧 $4x^2+y^2=4$.

2. $\int_L x\sin y dx-y\sin x\,\mathrm{d}y$，其中 L 为从点 $A(\pi,0)$ 到点 $B(0,\pi)$ 的直线段.

3. 计算$\oint_L (2xy-x^2)\mathrm{d}x+(x+y^2)\mathrm{d}y$，$L$ 是由抛物线 $y=x^2$ 和 $y^2=x$ 所围成的区域的边界曲线,其方向为逆时针方向.

4. 计算$\int_L (2a-y)\mathrm{d}x+x\mathrm{d}y$，其中 L 为摆线 $x=a(t-\sin t)$，$y=a(-\cos t)$上由 $t_1=0$ 到 $t_2=2\pi$ 的一段弧.

5. 计算$\int_\Gamma y\mathrm{d}x+z\mathrm{d}y+x\mathrm{d}z$，其中 Γ 为螺旋线 $x=a\cos t$，$y=a\sin t$，$z=bt$ 从 $t=0$ 到 $t=2\pi$ 的弧段.

6. $\int_\Gamma (y^2-z^2)\mathrm{d}x+2yz\mathrm{d}y-x^2\mathrm{d}z$，其中 Γ 为曲线$\begin{cases}y=x^2\\y=x^3\end{cases}$从点(0,0,0)到点(1,1,1)的弧段.

B 类题

1. 一力场由方向为 y 轴的负方向,大小等于作用点的横坐标平方的力构成,求质量为 m 的质点沿抛物线 $1-x=y^2$ 从点(1,0)移动到点(0,1)时,力场所做的功.

2. 将曲线积分 $\int_L [1+(xy+y^2)\sin x]dx+(x^2+xy)\sin y\mathrm{d}y$ 化成形如 $\int_L f(x)\mathrm{d}x+g(y)\mathrm{d}y$ 的积分,并计算它,其中 L 为上半椭圆 $x^2+xy+y^2=1$, $y\geqslant 0$ 从点(−1,0)到(1,0)的弧段.

3. 将下列对坐标的曲线积分化为对弧长的曲线积分.

(1) 计算 $\int_L 3x^2y\mathrm{d}x+y^2\mathrm{d}y$, L 为曲线 $y^2=x$ 从点(0,0)到点(1,1)的弧段.

(2) 计算 $\int_\Gamma P\mathrm{d}x+Q\mathrm{d}y+R dz$, Γ 为曲线 $x=t, y=t^2, z=t^3$ 上相对应 t 从 0 到 1 的曲线弧段.

第三节　格林公式及其应用

本节要求读者理解格林公式是将平面区域 D 上的二重积分与区域 D 的边界 L 上的曲线积分联系起来，对于计算封闭曲线上的曲线积分有困难时，常常利用格林公式将其转化为二重积分计算.

1. 格林公式将平面区域 D 上的二重积分与区域 D 的边界 L 上的曲线积分联系起来；

2. 计算封闭曲线上的曲线积分有困难时，常常利用格林公式将其转化为二重积分计算；

3. 可以添加辅助线后，再利用格林公式将其转化为二重积分计算；

4. 要注意格林公式的两个条件：被积函数在区域 D 上具有连续偏导数、边界曲线 L 分段光滑且取正向；

5. 曲线积分与路径无关的四个等价命题.

例 1　计算 $\int_L (e^x \sin y - my)\,dx + (e^x \cos y - m)\,dy$，其中 L 是 $x^2 + y^2 = ax$ 上按逆时针方向从点 $A(a,0)$ 到点 $O(0,0)$ 的一段弧.

分析：此题直接计算很困难，添加辅助线 L_{OA} ：$y=0$，x ：$0\to1$ 与 L 构成封闭曲线的正向，然后用格林公式计算.

解：添加辅助线 L_{OA} ：$y=0$，x ：$0\to1$ 与 L 构成封闭曲线的正向，

令 $P=e^x \sin y - my$，$Q=e^x \cos y - m$，则

$$\frac{\partial Q}{\partial x} - \frac{\partial P}{\partial y} = m$$

代入原式得

$$\begin{aligned}
&\int_L (e^x \sin y - my)\,dx + (e^x \cos y - m)\,dy \\
&= \oint (e^x \sin y - my)\,dx + (e^x \cos y - m)\,dy - \int_{L_{OA}} (e^x \sin y - my)\,dx \\
&\quad + (e^x \cos y - m)\,dy \\
&= \iint_D m\,dx\,dy - 0 = \frac{a^2 m\pi}{8}
\end{aligned}$$

例 2　证明表示式 $(2x-3xy^2+2y)\,dx+(2x-3x^2y+2y)\,dy$ 为某函数 $u(x,y)$ 的全

微分,并求函数 $u(x,y)$,求其原函数 $u(x,y)$.

分析:判断该表达式是某个二元函数的全微分比较容易,利用公式即可.求该二元函数可以用积分法,也可以用公式法.

证明:设 $P=2x-3xy^2+2y$, $Q=2x-3x^2y+2y$,则有

$$\frac{\partial P}{\partial y}=2-6xy=\frac{\partial Q}{\partial x}$$

所以存在函数 $u(x,y)$,使得

$$\mathrm{d}u(x,y)=(2x-3xy^2+2y)\,\mathrm{d}x+(2x-3x^2y+2y)\,\mathrm{d}y$$

于是有

$$\begin{aligned}u(x,y)&=\int_{(0,0)}^{(x,y)}(2x-3xy^2+2y)\mathrm{d}x+(2x-3x^2y+2y)\mathrm{d}y\\&=\int_0^x 2x\,\mathrm{d}x+\int_0^y(2x-3x^2y+2y)\mathrm{d}y\\&=x^2+2xy-\frac{3}{2}x^2y^2+y^2+C\end{aligned}$$

A类题

1. 用两种方法(直接法和格林公式法)计算曲线积分 $\oint_L(x^2-xy^3)\mathrm{d}x+(y^2-2xy)\mathrm{d}y$,其中 L 是以 $O(0,0)$,$A(2,0)$,$B(2,2)$ 和 $C(0,2)$ 为顶点的正方形的正向边界.

2. $\oint_L xy^2\mathrm{d}y-x^2y\mathrm{d}x$,其中 L 为正向圆周 $x^2+y^2=a^2$.

3. $\oint_L \left[1+\frac{1}{x^2+y^2}\right](x\,dy - y\,dx)$，其中 L 为正向圆周 $(x-1)^2+(y-1)^2=1$.

4. 利用曲线积分求下列曲线所围成的图形的面积：

(1) 星形线 $x=a\cos^3 t, y=a\sin^3 t$；

(2) 圆 $x^2+y^2=2ax$.

5. 证明：曲线积分 $\int_L (x^4+4xy^3)dx+(6x^2y^2-5y^4)dy$ 与路径无关，并求：$\int_{(-2,-1)}^{(3,0)} (x^4+4xy^3)dx+(6x^2y^2-5y^4)dy$.

6. 验证下列 $P(x,y)\mathrm{d}x+Q(x,y)\mathrm{d}y$ 在整个 xoy 平面内是某一函数 $u(x,y)$ 的全微分,并求出 $u(x,y)$:

(1) $2xy\mathrm{d}x+x^2\mathrm{d}y$;

(2) $(2x\cos y+y^2\cos x)\mathrm{d}x+(2y\sin x-x^2\sin y)\mathrm{d}y$.

B 类题

1. 设 L 为上半圆周 $y=\sqrt{1-x^2}$ 自点 $A(1,0)$ 到点 $B(0,1)$,求:

$$\int_L (y^2\mathrm{e}^x+3x^2+2xy+y^2)\mathrm{d}x+(2y\mathrm{e}^x+x^2+2xy-3y^2)\mathrm{d}y.$$

2. 计算 $I=\oint_L \frac{x\mathrm{d}y-y\mathrm{d}x}{x^2+y^2}$,$L$ 为正向圆周 $x^2+(y-1)^2=R^2(R\neq 1)$(提示:需分别讨论 $0<R<1$, $R>1$ 的情形).

第四节　对面积的曲面积分

本节要求读者理解第一类曲面积分概念来源于非均匀曲面状物体的质量问题,第一类曲面积分定义为被积函数在一小片曲面上任一点的函数值与这一小片曲面面积乘积和式的极限,曲面面积恒正,与方向无关.

1. 第一类曲面积分概念来源于非均匀曲面状物体的质量问题;

2. 第一类曲面积分定义为被积函数在一小片曲面上一点的函数值与这一小片曲面面积乘积和式的极限;

3. 第一类曲面积分曲面面积恒正,与曲面方向无关;

4. 计算方法:投影法(三种情况)化为二重积分计算.

例 1　计算 $\oint\!\!\oint_{\Sigma}(x^2+y^2)\mathrm{d}S$,其中 Σ 为 $z=\sqrt{x^2+y^2}$ 与 $z=1$ 所围成的立体的表面.

分析: 需要读者能够正确地将积分曲面投影到合适的坐标面上得到投影区域,这样就能够将第一类曲面积分转化为投影区域上的二重积分.

解: 积分曲面分为两部分,第一部分为平面 $\Sigma_1: z=1, \mathrm{d}S=\mathrm{d}x\,\mathrm{d}y$,在 xoy 面上的投影为 $D_{xy}: x^2+y^2\leqslant 1$

锥面 $\Sigma_2: z=\sqrt{x^2+y^2}\,(0\leqslant z\leqslant 1), \mathrm{d}S=\sqrt{2}\,\mathrm{d}x\,\mathrm{d}y$,在 xoy 面上的投影为 $D_{xy}: x^2+y^2\leqslant 1$.

$$\begin{aligned}\oint\!\!\oint_{\Sigma}(x^2+y^2)\mathrm{d}S&=\iint_{\Sigma_1}(x^2+y^2)\mathrm{d}S+\iint_{\Sigma_2}(x^2+y^2)\mathrm{d}S\\&=\iint_{D_{xy}}(x^2+y^2)\mathrm{d}x\,\mathrm{d}y+\sqrt{2}\iint_{D_{xy}}(x^2+y^2)\mathrm{d}x\,\mathrm{d}y\\&=(1+\sqrt{2})\int_0^{2\pi}\mathrm{d}\theta\int_0^1 r^3\,\mathrm{d}r=\frac{1+\sqrt{2}}{2}\pi\end{aligned}$$

例 2　计算 $\oint\!\!\oint_{\Sigma}(x^2+y^2+z^2)\mathrm{d}S$,其中 Σ 为 $x=0, y=0$ 及 $x^2+y^2+z^2=a^2\,(x\geqslant 0, y\geqslant 0)$ 所围成的封闭曲面.

分析: 此例虽然是封闭曲面,但不能用高斯公式.用投影法,有多种投影情况.

解法 1: 曲面 $\Sigma=\Sigma_1+\Sigma_2+\Sigma_3$ 三部分组成:

Σ_1 即在 yoz 上的投影 D_{yz}：$\begin{cases} y^2+z^2\leqslant a^2, y\geqslant 0, \\ x=0, \end{cases}$ $\mathrm{d}S=\mathrm{d}y\mathrm{d}z$

Σ_2 即在 xoz 上的投影 D_{xz}：$\begin{cases} x^2+z^2\leqslant a^2, x\geqslant 0, \\ y=0, \end{cases}$ $\mathrm{d}S=\mathrm{d}x\mathrm{d}z$

Σ_3：$x^2+y^2+z^2=a^2(x\geqslant 0, y\geqslant 0)$，在 yoz 上的投影 D_{yz}：$\begin{cases} y^2+z^2\leqslant a^2, y\geqslant 0, \\ x=0, \end{cases}$

$$\mathrm{d}S=\sqrt{1+x'^2_y+x'^2_z}\,\mathrm{d}y\mathrm{d}z=\frac{a\mathrm{d}y\mathrm{d}z}{\sqrt{a^2-y^2-z^2}}$$

代入原式由对称性得

$$\begin{aligned}\oiint_{\Sigma}(x^2+y^2+z^2)\mathrm{d}S&=\iint_{\Sigma_1}(x^2+y^2+z^2)\mathrm{d}S+\iint_{\Sigma_2}(x^2+y^2+z^2)\mathrm{d}S+\iint_{\Sigma_3}(x^2+y^2+z^2)\mathrm{d}S\\&=\iint_{D_{yz}}(y^2+z^2)\mathrm{d}y\mathrm{d}z+\iint_{D_{xz}}(x^2+z^2)\mathrm{d}x\mathrm{d}z+a^2\iint_{D_{yz}}\frac{a\mathrm{d}y\mathrm{d}z}{\sqrt{a^2-y^2-z^2}}\\&=4\int_0^{\frac{\pi}{2}}\mathrm{d}\theta\int_0^a r^3\mathrm{d}r+2a^3\int_0^{\frac{\pi}{2}}\mathrm{d}\theta\int_0^a\frac{r\mathrm{d}r}{\sqrt{a^2-r^2}}\\&=2\pi\cdot\frac{a^4}{4}+\pi a^4=\frac{3}{2}\pi a^4\end{aligned}$$

解法 2：此例在 Σ_3 上的积分有简便方法，被积函数 $x^2+y^2+z^2=a^2$，$\iint\limits_{\Sigma_3}\mathrm{d}S$ 表示曲面 Σ_3 的面积是球表面积的四分之一：

$$\begin{aligned}\oiint_{\Sigma}(x^2+y^2+z^2)\mathrm{d}S&=\iint_{\Sigma_1}(x^2+y^2+z^2)\mathrm{d}S+\iint_{\Sigma_2}(x^2+y^2+z^2)\mathrm{d}S+\iint_{\Sigma_3}(x^2+y^2+z^2)\mathrm{d}S\\&=\iint_{D_{yz}}(y^2+z^2)\mathrm{d}y\mathrm{d}z+\iint_{D_{xz}}(x^2+z^2)\mathrm{d}x\mathrm{d}z+a^2\iint_{\Sigma_3}\mathrm{d}S\\&=2\pi\cdot\frac{a^4}{4}+a^2\cdot\frac{1}{4}\cdot 4\pi a^2=\frac{3}{2}\pi a^4\end{aligned}$$

A 类题

1. 计算下列对面积的曲面积分：

(1) $\iint\limits_{\Sigma}(z+2x+\frac{4}{3}y)\mathrm{d}S$，其中 Σ 为平面 $\frac{x}{2}+\frac{y}{3}+\frac{z}{4}=1$ 在第一卦限中的部分；

(2) $\iint\limits_{\Sigma}\frac{1}{(1+x+y)^2}\mathrm{d}S$,其中 Σ 为平面 $x+y+z=1$ 在第一卦限中的部分;

(3) $\iint\limits_{\Sigma}(x+y+z)\mathrm{d}S$,其中 Σ 为球面 $x^2+y^2+z^2=a^2$ 上 $z\geqslant h(0<h<a)$ 的部分.

(4) $\iint\limits_{\Sigma}(xy+z^2)\mathrm{d}S$,其中 Σ 为球面 $z=\sqrt{8-x^2-y^2}$ 位于柱面 $x^2+y^2=4$ 内的部分.

(5) $\iint\limits_{\Sigma}\frac{1}{x^2+y^2+z^2}\mathrm{d}S$,其中 Σ 是介于平面 $z=0$ 及 $z=H$ 之间的圆柱面 $x^2+y^2=R^2$.

2. 求抛物面壳 $z=\frac{1}{2}(x^2+y^2)(0\leqslant z\leqslant 1)$ 的质量，此壳的密度按规律 $\rho=z$ 变化.

B类题

1. 计算 $\iint\limits_{\Sigma}(x^2+y^2)\mathrm{d}S$，$\Sigma$ 为锥面 $z=\sqrt{x^2+y^2}$ 与平面 $z=1$ 所围成的立体的表面.

2. 求球面 $z=\sqrt{a^2-x^2-y^2}$ 在柱面 $x^2+y^2=ax$ 内部的表面积.

3. 曲面 Σ 为圆柱面 $x^2+y^2=4$ 与平面 $x+z=2$，$z=0$ 所围成的立体的表面，计算 $\oiint x\,\mathrm{d}S$.

第五节　对坐标的曲面积分

本节要求读者理解第二类曲面积分概念来源于流体通过曲面一侧的流量问题,第二类曲面积分定义为被积函数在一小片曲面上一点的函数值与这小片曲面在坐标面上的投影乘积和式的极限,曲面在坐标面上的投影有正有负,与曲面的侧有关;注意两类曲面积分之间的联系和区别.

1. 第二类曲面积分概念来源于流体通过曲面一侧的流量问题;
2. 第二类曲面积分定义为被积函数在一小片曲面上一点的函数值与这小片曲面在坐标面上的投影乘积和式的极限;
3. 第二类曲面积分曲面在坐标面上的投影有正有负,与曲面的侧有关;
4. 第二类曲面积分改变曲面的侧,积分变号;
5. 计算方法:投影法(三种情况)化为二重积分计算;
6. 注意两类曲面积分之间的联系和区别.

例 1　$\iint\limits_{\Sigma} x\,\mathrm{d}y\mathrm{d}z + z\,\mathrm{d}x\mathrm{d}y$,$\Sigma$ 是平面 $x+y+z=1$ 在第一卦限部分的上侧.

分析:需要将积分曲面正确地投影到对应的坐标面上,同时要注意曲面的侧.

解:因为平面 Σ:$z=1-x-y$ 在 xoy 面、yoz 面上的投影分别为

$$D_{xy}=\{(x,y)\mid 0\leqslant x\leqslant 1,0\leqslant y\leqslant 1-x\}$$

$$D_{yz}=\{(y,z)\mid 0\leqslant y\leqslant 1,0\leqslant z\leqslant 1-y\}$$

$$\iint\limits_{\Sigma} x\,\mathrm{d}y\mathrm{d}z + z\,\mathrm{d}x\mathrm{d}y=\iint\limits_{D_{xy}}(1-x-y)\mathrm{d}x\mathrm{d}y+\iint\limits_{D_{yz}}(1-y-z)\mathrm{d}y\mathrm{d}z$$

$$=2\int_0^1\mathrm{d}x\int_0^{1-x}(1-x-y)\mathrm{d}y$$

$$=\int_0^1(1-x)^2\mathrm{d}x=\frac{1}{3}$$

例 2　计算 $\iint\limits_{\Sigma}(y-z)\mathrm{d}y\mathrm{d}z+(z-x)\mathrm{d}z\mathrm{d}x+(x-y)\mathrm{d}x\mathrm{d}y$,其中 Σ 是上半球面 $x^2+y^2+z^2=2Rx\,(z\geqslant 0)$,含于柱面 $x^2+y^2=2ax\,(0<a<R)$ 内部部分的上侧.

分析:需要将积分曲面正确地投影到对应的坐标面上,同时要注意曲面的侧.

解:设 D_{xy} 为 Σ 在 xoy 面上的投影,Σ 的法向量 $\boldsymbol{n}=\{2x-2R,2y,2z\}$,　故方向余

弦为

$$\cos\alpha=\frac{x-R}{R},\ \cos\beta=\frac{y}{R},\ \cos\gamma=\frac{z}{R},$$

所以

$$\text{原式}=\iint_{\Sigma}\left[(y-z)\frac{x-R}{R}+(z-x)\frac{y}{R}+(x-y)\frac{z}{R}\right]dS=\iint_{\Sigma}(z-y)dS$$

$$=\iint_{D_{xy}}(\sqrt{2Rx-x^2-y^2}-y)\frac{R}{\sqrt{2Rx-x^2-y^2}}dx\,dy$$

$$=\iint_{D_{xy}}(\frac{\sqrt{2Rx-x^2-y^2}R}{\sqrt{2Rx-x^2-y^2}}dx\,dy-\iint_{D_{xy}}\frac{y\,dx\,dy}{\sqrt{2Rx-x^2-y^2}}$$

$$=\int_{-\frac{\pi}{2}}^{\frac{\pi}{2}}d\theta\int_0^{2\cos\theta}Rr\,dr-0=\pi a^2R$$

例 3 计算$\iint_{\Sigma}z^2dx\,dy$,Σ是上半球面$z=\sqrt{R^2-x^2-y^2}$被柱面$x^2+y^2=Rx$截去后剩余部分的上侧.

分析: 同样需要将积分曲面正确地投影到对应的坐标面上,同时要注意曲面的侧.

解: 记曲面Σ在xoy平面的投影区域为:

$$D_{xy}:x^2+y^2\leqslant R^2,x^2+y^2\geqslant Rx$$

$$\iint_{\Sigma}z^2dx\,dy=\iint_{D_{xy}}(R^2-x^2-y^2)dx\,dy$$

$$=\int_{-\frac{\pi}{2}}^{\frac{\pi}{2}}d\theta\int_{R\cos\theta}^{R}(R^2-r^2)r\,dr+\int_{\frac{\pi}{2}}^{\frac{3\pi}{2}}d\theta\int_0^R(R^2-r^2)r\,dr$$

$$=\frac{11}{32}\pi R^4$$

A 类题

1. 计算下列对坐标的曲面积分:

(1) $\iint_{\Sigma}z^2dx\,dy$,Σ是平面$x+y+z=1$在第一卦限部分的上侧;

(2) $\iint_{\Sigma}x\,dy\,dz+z\,dx\,dy$,$\Sigma$是平面$x+y+z=1$在第一卦限部分的上侧;

(3) $\iint\limits_{\Sigma} x^2\mathrm{d}y\mathrm{d}z + y^2\mathrm{d}z\mathrm{d}x + z^2\mathrm{d}x\mathrm{d}y$，$\Sigma$ 是球面 $x^2+y^2+z^2=1$ 外侧在第一卦限部分的；

(4) $\iint\limits_{\Sigma} xyz\mathrm{d}x\mathrm{d}z$，其中 Σ 是球面 $x^2+y^2+z^2=1$ 的外侧在 $z\geqslant 0, x\geqslant 0$ 的部分；

(5) $\iint\limits_{\Sigma} z^2\mathrm{d}x\mathrm{d}y$，$\Sigma$ 是上半球面 $z=\sqrt{R^2-x^2-y^2}$ 被柱面 $x^2+y^2=Rx$ 截去后剩余部分的上侧；

(6) $\iint\limits_{\Sigma} xy\mathrm{d}y\mathrm{d}z - x^2\mathrm{d}z\mathrm{d}x + (x+z)\mathrm{d}x\mathrm{d}y$，$\Sigma$ 是平面 $2x+2y+z=6$ 在第一卦限部分的上侧.

2. 把对坐标的曲面积分 $\iint\limits_{\Sigma} P(x,y,z)\mathrm{d}y\mathrm{d}z + Q(x,y,z)\mathrm{d}z\mathrm{d}x + R(x,y,z)\mathrm{d}x\mathrm{d}y$ 化成对面积的曲面积分，其中 Σ 是半球面 $z=\sqrt{a^2-x^2-y^2}$，$a>0$ 的上侧.

B类题

1. 已知 $f(x,y,z)$连续,Σ 是平面 $x-y+z=1$ 在第四卦限部分的上侧,计算 $\iint\limits_{\Sigma}[f(x,y,z)+x]\,dydz+[2f(x,y,z)+y]dzdx+[f(x,y,z)+z]dxdy$ (提示:利用两类曲面积分的联系,转化为第一类曲面积分计算).

2. $\iint\limits_{\Sigma}(x^2\cos\alpha+y^2\cos\beta+z^2\cos\gamma)\,dS$,其中 Σ 为锥面 $x^2+y^2=z^2(0\leqslant z\leqslant h)$,$\vec{n}=(\cos\alpha,\cos\beta,\cos\gamma)$ 为 Σ 的朝下的单位法向量.

第六节　高斯公式　通量与散度

本节要求读者理解高斯公式是将空间区域 Ω 上的三重积分与区域 Ω 的边界 $\sum$ 上的曲面积分联系起来，对于计算封闭曲面上的曲面积分有困难时，常常利用高斯公式将其转化为三重积分计算.

1. 高斯公式是将空间区域 Ω 上的三重积分与区域 Ω 的边界 $\sum$ 上的曲面积分联系起来；

2. 计算封闭曲面上的曲面积分有困难时，常常利用高斯公式将其转化为三重积分计算；

3. 可以添加辅助面后，再利用高斯公式将其转化为三重积分计算；

4. 要注意高斯公式的两个条件：被积函数在区域 Ω 上具有一阶连续偏导数、边界曲面 $\sum$ 分片光滑且取正向.

例 1　计算 $\oiint\limits_{\Sigma}\dfrac{e^z}{\sqrt{x^2+y^2}}dx\,dy$，其中 Σ 是锥面 $z=\sqrt{x^2+y^2}$ 及平面 $z=1,z=2$ 所围立体表面的外侧.

分析： 本题满足高斯公式的条件，所以直接用高斯公式即可.

解： 由高斯公式得 $R=\dfrac{e^z}{\sqrt{x^2+y^2}},\dfrac{\partial R}{\partial z}=\dfrac{e^z}{\sqrt{x^2+y^2}}$，

$$\oiint\limits_{\Sigma}\frac{e^z}{\sqrt{x^2+y^2}}dx\,dy=\iiint\limits_{\Omega}\frac{e^z}{\sqrt{x^2+y^2}}dx\,dy\,dz=\int_1^2 e^z\,dz\iint\limits_{D_{xy}}\frac{1}{\sqrt{x^2+y^2}}dx\,dy$$

$$=\int_1^2 e^z\,dz\int_0^{2\pi}d\theta\int_0^z\frac{1}{r}r\,dr$$

$$=2\pi\int_1^2 z\,e^2\,dz=2\pi e^2$$

例 2　计算 $\iint\limits_{\Sigma}(x^3-yz)dy\,dz-2x^2y\,dz\,dx+z\,dx\,dy$，其中 Σ 是柱面 $x^2+y^2=1$ 被平面 $z=0,z=1$ 所截的在第一与第二卦限内的部分的右侧.

分析： 本题不满足高斯公式的条件，所以用高斯公式需要先将积分曲面补充成封闭曲面，使得积分曲面是封闭曲面的外侧，计算时要减去补充曲面的积分.

解： 设 Σ_1 为 $z=0$ 的下侧，Σ_2 为 $z=1$ 的上侧，Σ_3 为 $y=0$ 的左侧，由高斯公式有

$$\iint_{\Sigma+\Sigma_1+\Sigma_2+\Sigma_3}(x^3-yz)\mathrm{d}y\mathrm{d}z-2x^2y\mathrm{d}z\mathrm{d}x+z\mathrm{d}x\mathrm{d}y=\iiint_\Omega\left(\frac{\partial P}{\partial x}+\frac{\partial Q}{\partial y}+\frac{\partial R}{\partial z}\right)\mathrm{d}x\mathrm{d}y\mathrm{d}z$$

$$=\iiint_\Omega(1+x^2)\mathrm{d}x\mathrm{d}y\mathrm{d}z=\iiint_\Omega 1\mathrm{d}x\mathrm{d}y\mathrm{d}z+\frac{1}{2}\iiint_\Omega(x^2+y^2)\mathrm{d}x\mathrm{d}y\mathrm{d}z$$

$$=\frac{\pi}{2}+\frac{1}{2}\int_0^1\mathrm{d}z\int_0^\pi\mathrm{d}\theta\int_0^1 r^2\cdot r\mathrm{d}r=\frac{5\pi}{8}$$

因为

$$\iint_{\Sigma_1}(x^3-yz)\mathrm{d}y\mathrm{d}z-2x^2y\mathrm{d}z\mathrm{d}x+z\mathrm{d}x\mathrm{d}y=0$$

$$\iint_{\Sigma_2}(x^3-yz)\mathrm{d}y\mathrm{d}z-2x^2y\mathrm{d}z\mathrm{d}x+z\mathrm{d}x\mathrm{d}y=\iint_D\mathrm{d}x\mathrm{d}y=\frac{\pi}{2}$$

$$\iint_{\Sigma_3}(x^3-yz)\mathrm{d}y\mathrm{d}z-2x^2y\mathrm{d}z\mathrm{d}x+z\mathrm{d}x\mathrm{d}y=0$$

所以$\iint_\Sigma(x^3-yz)\mathrm{d}y\mathrm{d}z-2x^2y\mathrm{d}z\mathrm{d}x+z\mathrm{d}x\mathrm{d}y=\frac{\pi}{8}$.

A类题

1. 计算$\oiint_\Sigma(y-z)\mathrm{d}y\mathrm{d}z+(z-x)\mathrm{d}z\mathrm{d}x+(x-y)\mathrm{d}x\mathrm{d}y$,其中$\Sigma$是曲面$z=\sqrt{x^2+y^2}$及平面$z=h(h>0)$所围成的空间区域的整个边界曲面的外侧.

2. $\oiint_\Sigma(y-z)\mathrm{d}y\mathrm{d}z+(x-y)\mathrm{d}x\mathrm{d}y$,其中$\Sigma$是球面$x^2+y^2=1$,平面$z=0$及$z=3$所围成的立体的表面的外侧.

3. $\oiint\limits_{\Sigma} x^2\mathrm{d}y\mathrm{d}z+y^2\mathrm{d}z\mathrm{d}x+z^2\mathrm{d}x\mathrm{d}y$，其中$\Sigma$是由抛物面$z=x^2+y^2$与平面$z=1$所围成的立体的表面的外侧.

B类题

1. 计算$\oiint\limits_{\Sigma}\frac{\mathrm{e}^z}{\sqrt{x^2+y^2}}\mathrm{d}x\mathrm{d}y$，其中$\Sigma$是锥面$z=\sqrt{x^2+y^2}$及平面$z=1$，$z=2$所围立体表面的外侧.

2. 计算积分$\iint\limits_{\Sigma}(x^3-yz)\mathrm{d}y\mathrm{d}z-2x^2y\mathrm{d}z\mathrm{d}x+z\mathrm{d}x\mathrm{d}y$，其中$\Sigma$是柱面$x^2+y^2=1$被平面$z=0$，$z=1$所截的在第一与第二卦限部分的右侧.

3. 计算$\iint\limits_{\Sigma}\frac{x\,\mathrm{d}y\mathrm{d}z+(z+1)^2\mathrm{d}x\,\mathrm{d}y}{\sqrt{x^2+y^2+z^2}}$,其中$\Sigma$是下半球面$z=-\sqrt{1-x^2-y^2}$的上侧.

第七节　斯托克斯公式

本节要求读者理解斯托克斯公式是将曲面Σ上的曲面积分与曲面Σ的边界Γ上的曲线积分联系起来,对于计算封闭曲线上的曲线积分有困难时,常常利用斯托克斯公式将其转化为曲面积分计算.

1. 斯托克斯公式是将曲面Σ上的曲面积分与曲面Σ的边界Γ上的曲线积分联系起来;

2. 计算封闭曲线上的曲线积分有困难时,常常利用斯托克斯公式将其转化为曲面积分计算;

3. 可以添加辅助线后,再利用斯托克斯公式将其转化为曲面积分计算;

4. 注意斯托克斯公式的两个条件:被积函数在曲面Σ上具有一阶连续偏导数上存在且连续、边界曲线Γ分段光滑有向闭曲线、Γ的正向与Σ的侧符合右手法则.

例 1　计算$\oint_{\Gamma}y\mathrm{d}x+z\mathrm{d}y+x\mathrm{d}z$,其中$\Gamma$为圆周$x^2+y^2+z^2=a^2$,$x+y+z=0$,若从$z$轴正向看去,这圆周取逆时针方向.

分析:直接用斯托克斯公式,但是需要我们选择一个以题目中所给曲线为边界曲线的曲面,这个曲面的选择要以在其上计算曲面积分简单为妙,同时所选择曲面的侧以及所给曲线的正向要满足右手法则.

解:取Σ为平面$x+y+z=0$被Γ所围成的部分的上侧,Σ的单位法向量为

$\left\{\frac{1}{\sqrt{3}}, \frac{1}{\sqrt{3}}, \frac{1}{\sqrt{3}}\right\}$

由斯托克斯公式得

$$\oint_{\Gamma} y\mathrm{d}x + z\mathrm{d}y + x\mathrm{d}z = \iint_{\Sigma} \begin{vmatrix} \frac{1}{\sqrt{3}} & \frac{1}{\sqrt{3}} & \frac{1}{\sqrt{3}} \\ \frac{\partial}{\partial x} & \frac{\partial}{\partial y} & \frac{\partial}{\partial z} \\ y & z & x \end{vmatrix} \mathrm{d}S$$

$$= \iint_{\Sigma} \left(-\frac{1}{\sqrt{3}} - \frac{1}{\sqrt{3}} - \frac{1}{\sqrt{3}}\right) \mathrm{d}S = -\sqrt{3}\iint_{\Sigma} \mathrm{d}S = -\sqrt{3}\pi a^2$$

例 2　计算 $\oint_{\Gamma} x^2 yz\mathrm{d}x + (x^2 + y^2)\mathrm{d}y + (x + y + 1)\mathrm{d}z$，其中 Γ 为曲面 $x^2 + y^2 + z^2 = 5$ 和 $z = x^2 + y^2 + 1$ 的交线，Γ 的方向为面朝 z 轴正向看去的逆时针方向.

分析： 此例可以用斯托克斯公式做，也可以直接用参数法做.

解法 1： 取曲面 $\Sigma: z = 2, x^2 + y^2 \leqslant 1$ 的上侧，则 Σ 是以 Γ 为边界的有向光滑曲面，且符合右手规则. 由斯托克斯公式得

$$\text{原式} = \iint_{\Sigma} \begin{vmatrix} \mathrm{d}y\mathrm{d}z & \mathrm{d}z\mathrm{d}x & \mathrm{d}x\mathrm{d}y \\ \frac{\partial}{\partial x} & \frac{\partial}{\partial y} & \frac{\partial}{\partial z} \\ x^2 yz & x^2 + y^2 & x + y + 1 \end{vmatrix}$$

$$= \iint_{\Sigma} \mathrm{d}y\mathrm{d}z + (x^2 y - 1)\mathrm{d}z\mathrm{d}x + (2x - x^2 z)\mathrm{d}x\mathrm{d}y$$

曲面 Σ 在 yoz 面、xoz 面上的投影面积皆是零，其在 xoy 面上的投影区域 $D: x^2 + y^2 \leqslant 1$，投影取正号. 所以

$$\text{原式} = \iint_{D} (2x - 2x^2)\mathrm{d}x\mathrm{d}y = \int_0^{2\pi} \mathrm{d}\theta \int_0^1 2(r^2\cos\theta - r^3\cos^2\theta)\mathrm{d}r = -\frac{\pi}{2}$$

解法 2： 联立曲面方程 $x^2 + y^2 + z^2 = 5$ 和 $z = x^2 + y^2 + 1$，解出 $z = 2, x^2 + y^2 = 1$

Γ 的参数方程 $x = \cos\theta, y = \sin\theta, z = 2 (0 \leqslant \theta \leqslant 2\pi)$，

$$\text{原式} = \int_0^{2\pi} [2\cos^2\theta\sin\theta(-\sin\theta) + (\cos^2\theta + \sin^2\theta)\cos\theta]\mathrm{d}\theta = -\frac{\pi}{2}.$$

A 类题

1. 计算$\oint_L y\mathrm{d}x+z\mathrm{d}y+x\mathrm{d}z$,其中$\Gamma$为球面$x^2+y^2+z^2=a^2$与平面$x+y+z=0$的交线,若从$z$轴正向看去$\Gamma$取逆时针方向.

2. 计算$\oint_L 3y\mathrm{d}x-xz\mathrm{d}y+yz^2\mathrm{d}z$ 有 $\oint_\Gamma 3y\mathrm{d}x-xz\mathrm{d}y+yz^2\mathrm{d}z$,其中$\Gamma$为曲面$x^2+y^2=2z$与$z=2$的交线,若从$z$轴正向看去$\Gamma$取逆时针方向.

参考答案

第七章　微分方程

第一节　微分方程的基本概念

A 类题

1. $y=\frac{x^2}{2}+4$.　　**2.** 略.　　**3.** $C_1=0$，$C_2=1$.　　**4.** $xy'+y=0$.

第二节　可分离变量的微分方程

A 类题

1. (1) $\tan x\cdot\tan y=C$；　(2) $(e^x-1)(e^y-1)=C$；　(3) $y=\ln(\frac{1}{2}e^{2x}+C)$；

(4) $y=Ce^{-\lambda x}$；　(5) $y^2=C(x+\sqrt{1+x^2})$；　(6) $\arctan y=x+\frac{1}{2}x^2+C$.

2. (1) $(1+x^2)(1+y^2)=2x^2$；　(2) $\arctan y=x\sin x+\cos x+\frac{5\pi}{4}$；

(3) $2x^2-y^2+1=0$；　(4) $y=-\ln(\frac{1}{2}e^{-2x}+e^{-1}-\frac{1}{2})$；　(5) $y=e^{\tan\frac{x}{2}}$.

3. $f(x)=e^x-1$.　　**4.** $f(x)=2+Cx$.　　**5.** $y=Cx^{-3}e^{-\frac{1}{x}}$.

第三节　齐次方程

A 类题

1. (1) $e^{\arcsin\frac{y}{x}}=Cx$；　(2) $y=xe^{Cx+1}$；　(3) $x^2-2y^2\ln|y|=2Cy^2$；　(4) $\sin\frac{y}{x}=\ln|x|+C$.

2. (1) $y=\frac{2x}{1+x^2}$；　(2) $1+\ln|y|+\frac{y}{x}=0$；　(3) $y^4-2x^2y^2+x^2=0$.

3. 略.　　**4.** $y=-4x\ln x+x$.

第四节　一阶线性微分方程

A 类题

1. (1) $\frac{1}{x}[(x-1)e^x+C]$；　(2) $y[(y-1)e^y+C]$；　(3) $\frac{1}{2}x^2+Ce^{x^2}$；

(4) $\tan x-1+Ce^{-\tan x}$；　(5) $\frac{\frac{4}{3}x^3+C}{x^2+1}$.

2. $\frac{1}{\cos x}(x^2+c)$.

3. (1) $y=\frac{x}{2}-\frac{1}{x}$; (2) $y=\frac{1}{x^2-1}(\sin x-1)$; (3) $y=\frac{-\ln x+2+\ln 2}{x}$.

4. $y^{-5}=Cx^5+\frac{5}{2}x^3$.

第五节 可降阶的高阶微分方程

1. (1) $y=\frac{1}{8}e^{2x}+\sin x+\frac{1}{2}C_1x^2+C_2x+C_3$;

(2) $y=x\ln(x+\sqrt{1+x^2})-\sqrt{1+x^2}+C_1x+C_2$;

(3) $y^2=-\frac{2}{3}x^3+C_1x+C_2$; (4) $y=(x+C_1)\ln(x+1)-2x+C_1$,其中 $C_1=C_0+2$;

(5) $y=\frac{C_1x-1}{C_1^2}e^{C_1x+1}+C_2$; (6) $y=C_2e^{\int C_1dx}=C_2e^{C_1x}$;

(7) $\sqrt{y+C_1}+\sqrt{y}=C_2e^{\pm\frac{x}{2}}$; (8) $\frac{4}{C_1{}^2}(C_1y-1)=(x+C_2)^2$.

2. (1) $y=\frac{1}{2\sqrt{2}}\ln\left|\frac{x-\sqrt{2}}{x+\sqrt{2}}\right|+1$; (2) $y=e^{2x}$; (3) $y=(x-1)e^{x+1}+2$; (4) $y=x^3+3x+1$.

第六节 高阶线性微分方程

A 类题

略.

第七节 常系数齐次线性微分方程

A 类题

1. (1) $y=C_1e^{2x}+C_2e^{-3x}$; (2) $y=(C_1+C_2x)e^{-\frac{1}{2}x}$;

(3) $y=e^{-\frac{1}{2}}(c_1\cos\frac{\sqrt{3}}{2}x+c_2\sin\frac{\sqrt{3}}{2}x)$; (4) $y=c_1+c_2e^{3x}$;

(5) $y=(c_1+c_2)\cos x+(c_3+c_4)\sin x$; (6) $y=c_1+c_2x+c_3e^x+c_4xe^x$.

2. (1) $y=c_1e^{-x}+c_2e^{4x}$; (2) $y=(3+x)e^{-\frac{1}{3}x}$; (3) $y=3e^{-2x}\sin 5x$.

3. $y=[1+(1-m)x]e^{mx}$. **4.** $y=e^x-e^{-x}$.

第八节 常系数非齐次线性微分方程

1. (1) $y=C_1e^x+C_2e^{-x}+x(x-1)e^x$; (2) $y=(C_1+C_2x)e^x+2x^2e^x$;

(3) $y=(C_1\cos\frac{\sqrt{3}}{2}x+C_2\sin\frac{\sqrt{3}}{2}x)e^{-\frac{1}{2}x}-1+x+\frac{1}{3}e^x$;

(4) $y=(C_1\cos 3x+C_2\sin 3x)e^x+\frac{333}{85}\cos x-\frac{74}{85}\sin x$;

(5) $y=(C_1\cos 2x+C_2\sin 2x)e^x-\frac{1}{4}xe^x\cos 2x$.

2. (1) $y=4-3e^{-x}+e^{-2x}$; (2) $y=\cos 2x-\frac{1}{2}\sin 2x+\sin x$.

3. $y=2e^{2x}-e^{x}$.　　**4.** $y=C_1e^{x}+C_2e^{2x}+xe^{x}$.　　**5.** $\varphi(x)=\frac{1}{2}(\cos x+\sin x+e^{x})$.

第九章　多元函数微分法及其应用

第一节　多元函数基本概念

A类题

1. (1) $\{(x,y)\mid 2<x^2+y^2<5\}$；$\{(x,y)\mid x^2+y^2>2$ 或 $x^2+y^2>5\}$；

$\{(x,y)\mid x^2+y^2=2$ 或 $x^2+y^2=5\}$；$\{(x,y)\mid 2\leqslant x^2+y^2\leqslant 5\}$；　(2) $t^2f(x,y)$；

(3) $\{(x,y)\mid y^2-2x+1>0\}$；　(4) 0；　(5) 0；　(6) $\{(x,y)\mid y^2-4x=0\}$.

2. (1) $\begin{cases}(x-\frac{1}{2})^2+y^2\geqslant(\frac{1}{2})^2\\(x-1)^2+y^2<1\end{cases}$；　(2) $0\leqslant y\leqslant x^2, x\geqslant 0$；

(3) $\begin{cases}-y^2\leqslant x\leqslant y^2\\0<y\leqslant 2\end{cases}$；　(4) $1<x^2+y^2<2$.

B类题

1. (1) 2；　(2) e^2；　(3) 1；　(4) 0.

2. 提示:证明沿不同路径极限不同.

3. 间断点为$\{(x,y)\mid x=0$ 且 $y\neq 0\}$.

第二节　偏导数

A类题

1. (1) $10xy^3$，$15x^2y^2$，0，-10，60，60；　(2) $2xye^{x^2y}$，$x^2e^{x^2y}$；

(3) $3x^2-3y^2$，$3y^2-6xy$，$6x$，$6y-6x$，$-6y$，$-6y$；

(4) $2xye^y$，$x^2(1+y)e^y$，$2ye^y$，$x^2(2+y)e^y$，$2x(1+y)e^y$，$2x(1+y)e^y$；

(5) $\frac{1}{2}$；　(6) $e^{xy}(1+xy)\cos z$，$e^{xy}(1+xy)\cos z$.

2. (1) $\frac{\partial z}{\partial x}=2x\arctan\frac{y}{x}+\frac{y^3-x^2y}{x^2+y^2}$，$\frac{\partial z}{\partial y}=2y\arctan\frac{x}{y}+\frac{x^3-y^2x}{x^2+y^2}$；

(2) $\frac{\partial u}{\partial x}=y^zx^{y^z-1}$，$\frac{\partial u}{\partial y}=x^{y^z}\cdot\ln x\cdot zy^{z-1}$，$\frac{\partial u}{\partial z}=x^{y^z}\cdot\ln x\cdot y^z\ln y$；

(3) $\frac{\partial z}{\partial x}=\frac{2}{y}\csc\frac{2x}{y}$，$\frac{\partial z}{\partial y}=-\frac{2x}{y^2}\csc\frac{2x}{y}$；

(4) $\frac{\partial z}{\partial x}=yx^{y-1}\sin^2(xy)+yx^y\sin(2xy)$，$\frac{\partial z}{\partial y}=x^y\ln x\cdot\sin^2(xy)+x^{y+1}\sin(2xy)$.

3. $f_x(1,0)=2$，$f_y(1,0)=0$.　　**4.** 略.　　**5.** $\frac{\pi}{6}$.

6. (1) $\frac{\partial^2 z}{\partial x^2}=2y(2y-1)x^{2y-2}$，$\frac{\partial^2 z}{\partial y^2}=4x^{2y}\ln^2x$，$\frac{\partial^2 z}{\partial x\partial y}=\frac{\partial^2 z}{\partial y\partial x}=2x^{2y-1}(1+2y\ln x)$；

(2) $\frac{\partial^2 z}{\partial x^2}=\frac{2xy}{(x^2+y^2)^2},\frac{\partial^2 z}{\partial y^2}=\frac{-2xy}{(x^2+y^2)^2},\frac{\partial^2 z}{\partial x\partial y}=\frac{\partial^2 z}{\partial y\partial x}=\frac{y^2-x^2}{(x^2+y^2)^2}$.

B 类题

1. 略.　**2.** 略.　**3.** (1) 连续；　(2) $f_x(0,0)=0,f_y(0,0)=0$.

第三节　全微分

A 类题

1. (1) $e^{xy}(y\mathrm{d}x+x\mathrm{d}y)$；　(2) $e^{ax+by+cz}(a\mathrm{d}x+b\mathrm{d}y+c\mathrm{d}z)$；　(3) $\frac{1}{1+x^2}\mathrm{d}x+\frac{1}{1+y^2}\mathrm{d}y$；

(4) $\mathrm{d}x+\mathrm{d}y$.

2. $\mathrm{d}z=-0.2$，$\Delta z=-0.204$.

3. (1) $\frac{y\mathrm{d}x-x\mathrm{d}y}{|y|\sqrt{y^2-x^2}}$；　(2) $e^{x(x^2+y^2+z^2)}[(3x^2+y^2+z^2)\mathrm{d}x+2xy\mathrm{d}y+2xz\mathrm{d}z]$；　(3) $\mathrm{d}x-\mathrm{d}y$.

B 类题

略.

第四节　多元复合函数的求导法则

A 类题

1. (1) $\frac{\mathrm{d}z}{\mathrm{d}x}=f_u(u,v)\varphi'(x)+f_v(u,v)\psi'(x)$；　(2) $\frac{\partial z}{\partial x}=\frac{\partial z}{\partial u}\frac{\partial u}{\partial x}+\frac{\partial z}{\partial v}\frac{\mathrm{d}v}{\mathrm{d}x},\frac{\partial z}{\partial y}=\frac{\partial z}{\partial u}\frac{\partial u}{\partial y}$；

(3) $\frac{x}{y}+2$.

2. 略.　**3.** $\frac{\mathrm{d}u}{\mathrm{d}x}=e^{ax}\sin x$.

4. $\frac{\partial z}{\partial x}=\frac{2x}{y^2}\ln(2x-y)+\frac{2x^2}{y^2(2x-y)}$，$\frac{\partial z}{\partial y}=-\frac{2x^2}{y^3}\ln(2x-y)-\frac{x^2}{y^2(2x-y)}$.

5. (1) $\frac{\partial z}{\partial x}=-\frac{2xyf'}{f^2};\frac{\partial z}{\partial y}=\frac{1}{f}+\frac{2y^2f'}{f^2}$；　(2) $\frac{\partial z}{\partial x}=2xf'_1+ye^{xy}f'_2,\frac{\partial z}{\partial y}=-2yf'_1+xe^{xy}f'_2$.

(3) $\frac{\partial u}{\partial x}=f'_1+yf'_2+yzf'_3,\frac{\partial u}{\partial y}=xf'_2+xzf'_3,\frac{\partial u}{\partial z}=xyf'_3$.

6. $\frac{\partial^2 u}{\partial y^2}=\frac{x^2}{y^3}f''_{22},\frac{\partial^2 u}{\partial x\partial y}=f'_1-\frac{x}{y}f''_{12}-\frac{x}{y^2}f''_{22}$.

7. 略.

B 类题

1. 略.　**2.** $2u\frac{\partial^2 z}{\partial u\partial v}-\frac{\partial z}{\partial v}=0$.　**3.** 51.　**4.** $\frac{\partial z}{\partial x}=\frac{1}{x+y^2},\frac{\partial z}{\partial y}=\frac{2y}{x+y^2}$.

第五节　隐函数的求导公式

1. (1) $\frac{\mathrm{d}y}{\mathrm{d}x}=\frac{e^x-y^3}{\sin y+3xy^2}$；　(2) $\frac{\mathrm{d}y}{\mathrm{d}x}=\frac{x+y}{x-y}$.

2. x.　**3.** $\frac{\partial z}{\partial x}\Big|_{(1,-2,1)}=0$；$\frac{\partial z}{\partial y}\Big|_{(1,-2,1)}=\frac{7}{5}$；$\frac{\partial^2 z}{\partial x\partial y}\Big|_{(1,-2,1)}=-\frac{1}{5}$.

4. $\dfrac{\partial^2 z}{\partial x\partial y}=\dfrac{z(z^4-2xyz^2-x^2y^2)}{(z^2-xy)^3}$.　　5. $\dfrac{1}{1-xf'_1-f'_2}(zf'_1\mathrm{d}x-f'_2\mathrm{d}y)$.

B 类题

1. (1) $\dfrac{\mathrm{d}y}{\mathrm{d}x}=-\dfrac{x+6xz}{2y+6yz},\dfrac{\mathrm{d}z}{\mathrm{d}x}=\dfrac{x}{1+3z}$;　　(2) $\dfrac{\partial u}{\partial x}=\dfrac{v}{v-u},\dfrac{\partial u}{\partial y}=\dfrac{1}{2(u-v)}$;

(3) $\dfrac{\partial u}{\partial x}=\dfrac{-uf'_1\cdot(2yvg'_2-1)-f'_2\cdot g'_1}{(xf'_1-1)(2yvg'_2-1)-f'_2\cdot g'_1},\dfrac{\partial v}{\partial x}=\dfrac{g'_1\cdot(xf'_1+uf'_1-1)}{(xf'_1-1)(2yvg'_2-1)-f'_2\cdot g'_1}$.

2. $f'_1-\dfrac{y}{x}f'_2+\left[1-\dfrac{\mathrm{e}^x(x-z)}{\sin(x-z)}\right]f'_3$.

第六节　多元函数微分学的几何应用

1. (1) $\dfrac{x-1}{3}=\dfrac{y-1}{2}=\dfrac{z-2}{3}$, $3x+2y+3z-11=0$;

(2) $4x+8y-z-11=0$, $\dfrac{x-1}{4}=\dfrac{y-2}{8}=\dfrac{z-9}{-1}$.

2. (1) 切线方程$\dfrac{x+1}{0}=\dfrac{y}{-1}=\dfrac{z-2\pi}{2}$,法平面方程 $y-2z+4\pi=0$;

(2)切线方程$\dfrac{x-1}{16}=\dfrac{y-1}{9}=\dfrac{z-1}{-1}$,法平面方程 $16x+9y-z-24=0$.

3. (1) 切平面方程 $2x+y-z-2=0$,法线方程$\dfrac{x-1}{-2}=\dfrac{y-2}{-1}=\dfrac{z-2}{1}$;

(2) 切平面方程 $x+2y-4=0$,法线方程 $\dfrac{x-2}{1}=\dfrac{y-1}{2}=\dfrac{z}{0}$.

4. $\left(-\dfrac{1}{3},\dfrac{1}{9},-\dfrac{1}{27}\right)$或$(-1,1,-1)$.　　5. 略 .

第七节　方向导数与梯度

A 类题

1. (1) $-\dfrac{\sqrt{2}}{2}$;　(2) 10;　(3) $\dfrac{y\vec{i}+x\vec{j}}{1+x^2y^2}$.

2. $1+2\sqrt{3}$.　　3. $\dfrac{\sqrt{2}}{ab}\sqrt{a^2+b^2}$.　　4. $2\sqrt{x_0^2+y_0^2+z_0^2}$.

5. $\mathrm{grad}u(M_0)=(1,0,2)$; $\dfrac{\partial u}{\partial g}\Big|_{M_0}=\sqrt{5}$.

第八节　多元函数的极值及其求法

A 类题

1. (1) 0;　(2) 小,0;　(3) 8;　(4) $\dfrac{625}{64}$,0.

2. $(1,1)$极小值点,极小值 $z(1,1)=-2$;$(-1,-1)$极小值点,极小值 $z(-1,-1)=-2$.

3. 极大值$-\dfrac{8}{7}$;极小值 1.　　4. 最大值为$\dfrac{1}{4}$;最小值为-2.

B 类题

1. $(\frac{\sqrt{2}}{2}a, \frac{\sqrt{2}}{2}b)$.

2. 最长距离为$\sqrt{9+5\sqrt{3}}$,最短距离为$\sqrt{9-5\sqrt{3}}$.

3. 最高点为$(-1,-1,2)$,最低点为$(1,1,-2)$.

第十一章　曲线积分与曲面积分

第一节　对弧长的曲线积分

A 类题

1. (1) $3\sqrt{10}(\sin 1-\cos 1)$;　(2) $\sqrt{5}\ln 2$;　(3) $2a^2$;　(4) $a^{\frac{7}{3}}$;　(5) 0;

(6) $\frac{\sqrt{2}}{2}+\frac{1}{12}(5\sqrt{5}-1)$;　(7) 42;　(8) $\frac{8}{3}\sqrt{2}\pi^3 a$.

2. $\frac{a}{3}(2\sqrt{2}-1)$.

B 类题

1. $2a^2\pi$.　**2.** $\bar{x}=\frac{a\sin\varphi}{\varphi}$, $\bar{y}=0$.　**3.** $\frac{\pi}{6}(17^{\frac{3}{2}}-1)$.

第二节　对坐标的曲线积分

A 类题

1. (1) 1;　(2) $\frac{17}{15}$;　(3) $\frac{4}{3}$.

2. -2π.　**3.** $\frac{1}{30}$.　**4.** $-2\pi a^2$.　**5.** $-\pi a^2$.　**6.** $\frac{1}{35}$.

B 类题

1. $-\frac{8}{15}$.　**2.** $\int_L [1+(1-x^2)\sin x]\mathrm{d}x+(1-y^2)\sin y\mathrm{d}y$, 2.

3. (1) $\int_L \frac{6x^2y^2+y^2}{\sqrt{1+4y^2}}\mathrm{d}s$;　(2) $\int_\Gamma \frac{P+2xQ+3yR}{\sqrt{1+4x^2+9y^2}}\mathrm{d}s$.

第三节　格林公式及其应用

A 类题

1. 8.　**2.** $\frac{\pi a^4}{2}$.　**3.** 2π.　**4.** (1) $\frac{3\pi a^2}{8}$;　(2) πa^2.　**5.** 证:略,62.6.

6. (1) x^2y;　(2) $x^2\cos y+y^2\sin x$.

B 类题

1. -1.　**2.** 2π.

第四节　对面积的曲面积分

A 类题

1. (1) 32；　(2) $\sqrt{3}\left(\ln 2-\frac{1}{2}\right)$；　(3) $\pi(a^3-ah^2)$；　(4) $\frac{32}{3}\pi(4-\sqrt{2})$；　(5) $2\pi\operatorname{arctg}\frac{H}{R}$.

2. $\frac{2\pi}{15}(6\sqrt{3}+1)$.

B 类题

1. $\frac{1+\sqrt{2}}{2}\pi$.　**2.** $a^2(\pi-2)$.　**3.** -8π.

第五节　对坐标的曲面积分

A 类题

1. (1) $\frac{1}{12}$；　(2) $\frac{1}{3}$；　(3) $\frac{3}{8}\pi$；　(4) $\frac{2}{15}$；　(5) $\frac{11}{32}\pi R^4$；　(6) $\frac{27}{4}$.

2. $\iint\limits_{\Sigma}\frac{1}{a}(xP+yQ+zR)\mathrm{d}S$.

B 类题

1. $\frac{1}{2}$.　**2.** $-\frac{1}{2}\pi h^4$.

第六节　高斯公式　通量与散度

A 类题

1. 0.　**2.** $-\frac{9}{2}\pi$.　**3.** $\frac{2}{3}\pi$.

B 类题

1. $2\pi e^2$.　**2.** $\frac{1}{8}\pi$.　**3.** $-\frac{1}{2}\pi$.

第七节　斯托克斯公式

A 类题

1. $-\sqrt{3}\pi a^2$.　**2.** -20π.

高等数学练习与提高(四)

（第二版）

GAODENG SHUXUE LIANXI YU TIGAO

刘剑锋　李志明 主编

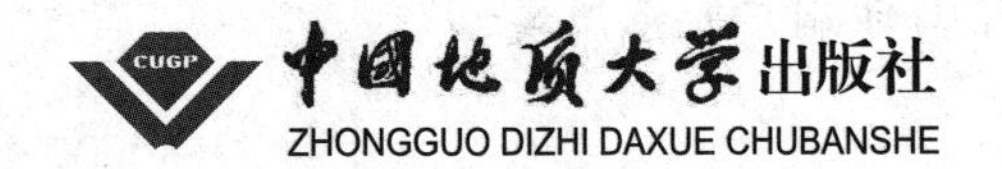

图书在版编目(CIP)数据

高等数学练习与提高(第二版).(三)(四)/刘剑锋,李志明主编. —2版. —武汉:中国地质大学出版社,2023.7

ISBN 978-7-5625-5613-8

Ⅰ.①高… Ⅱ.①刘…②李… Ⅲ.①高等数学-高等学校-教学参考资料 Ⅳ.①O13

中国版本图书馆 CIP 数据核字(2023)第 116738 号

高等数学练习与提高(第二版)(三)(四) 刘剑锋 李志明 **主编**

责任编辑:郑济飞 韦有福 责任校对:谢媛华

出版发行:中国地质大学出版社(武汉市洪山区鲁磨路 388 号) 邮政编码:430074

电 话:(027)67883511 传真:67883580 E-mail:cbb@cug.edu.cn

经 销:全国新华书店 http://cugp.cug.edu.cn

开本:787 毫米×1 092 毫米 1/16 字数:260 千字 印张:10.25

版次:2018 年 2 月第 1 版 2023 年 7 月第 2 版 印次:2023 年 7 月第 1 次印刷

印刷:武汉市籍缘印刷厂

ISBN 978-7-5625-5613-8 定价:40.00 元(全 2 册)

如有印装质量问题请与印刷厂联系调换

前　言

本书是高等教育出版社出版的《高等数学》(第七版)的配套辅助教材，可作为高等学校“高等数学”“工科数学分析”课程的教学参考书。本书具有以下特色。

(1)全书分为四册，其中第一册和第二册是《高等数学》(上)(第七版)的配套教辅；第三册和第四册是《高等数学》(下)(第七版)的配套教辅。

(2)第一册和第二册的主要内容有函数、极限、连续性、导数与微分、微分中值定理与导数的应用，一元函数的不定积分、一元函数的定积分、定积分的应用；第三册和第四册的主要内容有微分方程、空间解析几何与向量代数、多元函数微分法及其应用、重积分、曲线积分和曲面积分、无穷级数。

(3)该书精选各类习题，体量适中。每分册中的每节包含知识要点、典型例题及习题三大部分。其中习题有A、B、C三类，A类为基本练习，用于巩固基础知识和基本技能；B类和C类为加深和拓宽练习。

(4)每分册附有部分习题答案，以供参考。

本书在编写出版过程中得到了中国地质大学(武汉)数学与物理学院领导及全体大学数学部老师的支持和帮助，他们分别是：李星、杨球、罗文强、田木生、肖海军、杨瑞琰、何水明、向东进、郭艳凤、余绍权、刘鲁文、李少华、肖莉、黄精华、陈兴荣、杨迪威、邹敏、黄娟、马晴霞、杨飞、李卫峰、王元媛、陈荣三、乔梅红。谨在此向他们表示衷心的感谢。

限于编者水平有限，加之编写时间仓促，书中难免有不足之处，恳请广大读者批评指正！

编　者

2023年7月

目　录

第八章　空间解析几何与向量代数

第一节　向量及其线性运算

本节要求读者理解向量的概念，熟悉向量的线性运算，理解空间直角坐标系、坐标轴、坐标面，理解向量的坐标分解式，会用坐标进行向量的线性运算，理解向量的模、方向角的概念及坐标表示式，理解投影的思想.

1. 向量的定义，向量的模，零向量，向量的平行，向量的加法运算法则和减法运算法则，向量与数的乘法，向量平行的充分必要条件；

2. 空间直角坐标系的建立，向量的坐标分解式，利用坐标作向量的线性运算，利用向量的坐标判断两个向量的平行；

3. 向量的模、方向角、方向余弦及坐标表示式.

例 1　设点 P 在 x 轴上，它到 $P_1(0,\sqrt{2},3)$ 的距离为到点 $P_2(0,1,-1)$ 的距离的两倍，求点 P 的坐标.

分析： 根据点的位置特征设出坐标，再由两点间距离公式和题目条件解得未知数.

解： 设 P 点坐标为 $(x,0,0)$，

$$|PP_1|=\sqrt{x^2+(\sqrt{2})^2+3^2}=\sqrt{x^2+11},$$

$$|PP_2|=\sqrt{x^2+(-1)^2+1^2}=\sqrt{x^2+2},$$

由 $|PP_1|=2|PP_2|$，得 $\sqrt{x^2+11}=2\sqrt{x^2+2}$，得 $x=\pm1$，　所求点为 $(1,0,0)$，$(-1,0,0)$.

例 2　求平行于向量 $\boldsymbol{a}=6\boldsymbol{i}+7\boldsymbol{j}-6\boldsymbol{k}$ 的单位向量.

分析： 一个非零向量除以自己的模，即得与其同方向的单位向量。注意向量平行既包括同向也包括反向.

解： $|\boldsymbol{a}|=\sqrt{6^2+7^2+(-6)^2}=11$，

$$\boldsymbol{a}^0=\frac{\boldsymbol{a}}{|\boldsymbol{a}|}=\frac{6}{11}\boldsymbol{i}+\frac{7}{11}\boldsymbol{j}-\frac{6}{11}\boldsymbol{k},\ -\boldsymbol{a}^0=-\frac{\boldsymbol{a}}{|\boldsymbol{a}|}=-\frac{6}{11}\boldsymbol{i}-\frac{7}{11}\boldsymbol{j}+\frac{6}{11}\boldsymbol{k}.$$

A 类题

1. 指出下列点的特殊性：

(1) (4,0,0)；

(2) (0,−7,0)；

(3) (0,−7,2)；

(4) (5,0,3).

2. 求点(a,b,c)关于：(1)各坐标面、(2)各坐标轴、(3)坐标原点对称的点的坐标.

3. 设某点与给定点(2,−3,−1)分别关于下列坐标面：(1) xoy 平面、(2) yoz 平面、(3) xoz 平面对称，求它的坐标.

4. 设某点与给定点(2,−3,−1)分别关于下列各轴：(1)x 轴、(2)y 轴、(3)z 轴对称，求它的坐标.

5. 求点 $M(4,-3,5)$到各坐标轴的距离.

6. 设 $A(4,-7,1)$，$B(6,2,z)$，$|AB|=11$，求 z.

7. 方程 $x^2+y^2+z^2-2x+4y+2z=0$ 表示什么曲面？

8. 在 y 轴上求与点 $M_1(1,2,3)$ 和 $M_2(2,3,2)$ 等距离的点坐标.

9. 求证：以 $A(2,1,9)$，$B(8,-1,6)$，$C(0,4,3)$ 3 点为顶点的三角形是一个等腰直角三角形.

10. 在 yoz 平面上求与已知 3 点 $A(3,1,2)$，$B(4,-2,-2)$ 和 $C(0,5,1)$ 等距离的点.

11. 设一向量与各坐标轴之间的夹角为 α,β,γ，其中 $\alpha=\frac{\pi}{3}$，$\beta=\frac{2\pi}{3}$，求 γ.

12. 分别求 $\boldsymbol{a}=(1,1,1)$，$\boldsymbol{b}=(2,-3,5)$，$\boldsymbol{c}=(-2,-1,2)$ 的模，并且用单位向量 $\boldsymbol{a}^0$，$\boldsymbol{b}^0$，$\boldsymbol{c}^0$ 表示 $\boldsymbol{a}$，$\boldsymbol{b}$，$\boldsymbol{c}$.

13. 已知两点 $A(4,0,5)$,$B(7,1,3)$,求 $\overrightarrow{AB}$,$|\overrightarrow{AB}|$ 及方向与 $\overrightarrow{AB}$ 一致的单位向量.

14. 从点 $A(2,-1,7)$ 沿向量 $\boldsymbol{a}=8\boldsymbol{i}+9\boldsymbol{j}-12\boldsymbol{k}$ 的方向取线段 $\overline{AB}$,其长为 $|AB|=34$,求点 B 坐标.

15. 给定两点 $M_1(2,5,-3)$ 和 $M_2(3,-2,5)$,设在线段 $\overline{M_1M_2}$ 上的一点 M 满足 $\overrightarrow{M_1M}=3\overrightarrow{MM_2}$,求向量 $\overrightarrow{OM}$ 的坐标.

16. 设向量 $|\boldsymbol{a}|=6$,$\boldsymbol{a}$ 与 x,y 轴的夹角分别为 $\frac{\pi}{6}$,$\frac{\pi}{3}$,求 $\boldsymbol{a}$ 的坐标表示式.

17. 设平面上的一个四边形的对角线互相平分,证明它是平行四边形.

18. P_1、P_2 在轴 u 上坐标分别为 u_1、u_2,又 $\boldsymbol{e}$ 是与轴 u 方向相同的单位向量,证明:$\overrightarrow{P_1P_2}=(u_2-u_1)\boldsymbol{e}$.

19. 已知两点 $M_1(4,\sqrt{2},1)$，$M_2(3,0,2)$，计算向量 $\overrightarrow{M_1M_2}$ 的模、方向余弦和方向角.

20. 设 $M_1(1,3,4)$，$M_2(2,1,3)$，求 $\overrightarrow{OM_1}+\overrightarrow{OM_2}$，$\overrightarrow{OM_1}-\overrightarrow{OM_2}$，$\overrightarrow{M_1M_2}$.

21. 已知 3 点 A，B，C 的向径分别为 $\boldsymbol{r}=2\boldsymbol{i}+4\boldsymbol{j}-\boldsymbol{k}$，$\boldsymbol{r}_2=3\boldsymbol{i}+7\boldsymbol{j}+3\boldsymbol{k}$，$\boldsymbol{r}_3=4\boldsymbol{i}+10\boldsymbol{j}+7\boldsymbol{k}$，证明：$A$，$B$，$C$ 在同一直线上.

22. 已知不共线的非零向量 $\boldsymbol{a}$，$\boldsymbol{b}$，求它们的夹角平分线上的单位向量.

23. 已知向量 $\boldsymbol{a}$ 与 3 个坐标轴成相等的锐角，求 $\boldsymbol{a}$ 的方向余弦. 若 $|\boldsymbol{a}|=2$，求 $\boldsymbol{a}$.

第二节　数量积　向量积

本节要求读者理解数量积的物理模型、定义、运算性质，理解向量积的定义和运算性质，掌握数量积和向量积的坐标表示式，能够熟练进行数量积和向量积的运算.

1. 数量积的定义和物理模型，数量积的投影表示式，数量积的性质和运算律，数量积

的坐标式,利用数量积求两向量的夹角;

2. 向量积的定义,向量积的性质和运算律,向量积的坐标表示式.

例 1 已知 $\boldsymbol{a}=\{1,1,-4\}$,$\boldsymbol{b}=\{1,-2,2\}$,求:

(1) $\boldsymbol{a}\cdot\boldsymbol{b}$;(2) $\boldsymbol{a}$ 与 $\boldsymbol{b}$ 的夹角 θ;(3) $\boldsymbol{a}$ 在 $\boldsymbol{b}$ 上的投影.

分析: (1) 代入数量积的坐标表示式;(2)代入夹角的坐标表示式;(3)基于数量积的投影表示式.

解: (1) $\boldsymbol{a}\cdot\boldsymbol{b}=1\cdot 1+1\cdot(-2)+(-4)\cdot 2=-9$.

(2) $\because \cos\theta=\dfrac{a_xb_x+a_yb_y+a_zb_z}{\sqrt{a_x^2+a_y^2+a_z^2}\sqrt{b_x^2+b_y^2+b_z^2}}=-\dfrac{1}{\sqrt{2}}$, $\quad\therefore \theta=\dfrac{3\pi}{4}$.

(3) $\because \boldsymbol{a}\cdot\boldsymbol{b}=|\boldsymbol{b}|\mathrm{Prj}_{\boldsymbol{b}}\boldsymbol{a}$, $\quad\therefore \mathrm{Prj}_{\boldsymbol{b}}\boldsymbol{a}=\dfrac{\boldsymbol{a}\cdot\boldsymbol{b}}{|\boldsymbol{a}|}=-3$.

例 2 证明向量 $\boldsymbol{c}$ 与向量 $(\boldsymbol{a}\cdot\boldsymbol{c})\boldsymbol{b}-(\boldsymbol{b}\cdot\boldsymbol{c})\boldsymbol{a}$ 垂直.

分析: 两个向量垂直的充要条件是数量积为零.

证明: $[(\boldsymbol{a}\cdot\boldsymbol{c})\boldsymbol{b}-(\boldsymbol{b}\cdot\boldsymbol{c})\boldsymbol{a}]\cdot\boldsymbol{c}=[(\boldsymbol{a}\cdot\boldsymbol{c})\boldsymbol{b}\cdot\boldsymbol{c}-(\boldsymbol{b}\cdot\boldsymbol{c})\boldsymbol{a}\cdot\boldsymbol{c}]$

$=(\boldsymbol{b}\cdot\boldsymbol{c})[\boldsymbol{a}\cdot\boldsymbol{c}-\boldsymbol{a}\cdot\boldsymbol{c}]=0$,得证.

例 3 求与 $\boldsymbol{a}=3\boldsymbol{i}-2\boldsymbol{j}+4\boldsymbol{k}$,$\boldsymbol{b}=\boldsymbol{i}+\boldsymbol{j}-2\boldsymbol{k}$ 都垂直的单位向量.

分析: 两个向量的向量积同时垂直于这两个向量.

解: $\boldsymbol{c}=\boldsymbol{a}\times\boldsymbol{b}=\begin{vmatrix}\boldsymbol{i} & \boldsymbol{j} & \boldsymbol{k}\\ 3 & -2 & 4\\ 1 & 1 & -2\end{vmatrix}=10\boldsymbol{j}+5\boldsymbol{k}$,$\pm\dfrac{|\boldsymbol{c}|}{\boldsymbol{c}}=\pm\left(\dfrac{2}{\sqrt{5}}\boldsymbol{j}+\dfrac{1}{\sqrt{5}}\boldsymbol{k}\right)$.

A 类题

1. 设 $\boldsymbol{a}=2\boldsymbol{i}+2\boldsymbol{j}-\boldsymbol{k}$,$\boldsymbol{b}=-\boldsymbol{i}+2\boldsymbol{j}+2\boldsymbol{k}$,求 $\boldsymbol{a}$,$\boldsymbol{b}$ 的模、方向余弦及 $\boldsymbol{a}$,$\boldsymbol{b}$ 之间的夹角.

2. 设 $\boldsymbol{a}\neq\boldsymbol{0}$,$\boldsymbol{b}\neq\boldsymbol{0}$ 且 $\boldsymbol{c}\neq\boldsymbol{0}$,并有 $\boldsymbol{a}\cdot\boldsymbol{b}=\boldsymbol{a}\cdot\boldsymbol{c}$,是否有 $\boldsymbol{b}=\boldsymbol{c}$.

3.求与向量 $\boldsymbol{a}=2\boldsymbol{i}-\boldsymbol{j}+2\boldsymbol{k}$ 共线且满足方程 $\boldsymbol{a}\cdot\boldsymbol{x}=-18$ 的向量 $\boldsymbol{x}$.

4.已知 $\boldsymbol{\alpha},\boldsymbol{\beta},\boldsymbol{\gamma}$ 都是单位向量,且满足 $\boldsymbol{\alpha}+\boldsymbol{\beta}+\boldsymbol{\gamma}=\boldsymbol{0}$,求 $\boldsymbol{\alpha}\cdot\boldsymbol{\beta}+\boldsymbol{\beta}\cdot\boldsymbol{\gamma}+\boldsymbol{\gamma}\cdot\boldsymbol{\alpha}$.

5.已知 $|\boldsymbol{a}|=2,|\boldsymbol{b}|=3,|\boldsymbol{c}|=5,\boldsymbol{b}\cdot\boldsymbol{c}=7,|\boldsymbol{a}+\boldsymbol{b}+\boldsymbol{c}|=8$,求 $|\boldsymbol{a}-\boldsymbol{b}-\boldsymbol{c}|$.

6.设 a,b,c 满足 $a\perp b,(\widehat{a,c})=\frac{\pi}{3},(\widehat{\boldsymbol{b},\boldsymbol{c}})=\frac{\pi}{6},|\boldsymbol{a}|=2,|\boldsymbol{b}|=|\boldsymbol{c}|=1$,求 $|\boldsymbol{a}+\boldsymbol{b}+\boldsymbol{c}|$.

7.求向量 $\boldsymbol{u}=2\boldsymbol{i}+3\boldsymbol{j}-\boldsymbol{k}$ 在向量 $\boldsymbol{v}=-3\boldsymbol{i}-\boldsymbol{j}+\boldsymbol{k}$ 上的投影及分向量.

8.若 $\boldsymbol{a}+3\boldsymbol{b}$ 垂直于 $7\boldsymbol{a}-5\boldsymbol{b}$,而 $\boldsymbol{a}-4\boldsymbol{b}$ 垂直于 $7\boldsymbol{a}-2\boldsymbol{b}$,求 $\boldsymbol{a},\boldsymbol{b}$ 之间的夹角.

9.求同时垂直于 $\boldsymbol{a}=2\boldsymbol{i}-\boldsymbol{j}-\boldsymbol{k},\boldsymbol{b}=\boldsymbol{i}+2\boldsymbol{j}-\boldsymbol{k}$ 的单位向量.

10. 已知 $\overrightarrow{OA}=\boldsymbol{i}+3\boldsymbol{k}$,$\overrightarrow{OB}=\boldsymbol{j}+3\boldsymbol{k}$,求$\triangle OAB$ 的面积.

11. 证明:

(1) $(2\boldsymbol{a}+\boldsymbol{b})\times(\boldsymbol{c}-\boldsymbol{a})+(\boldsymbol{b}+\boldsymbol{c})\times(\boldsymbol{a}+\boldsymbol{b})=\boldsymbol{a}\times\boldsymbol{c}$;

(2) $(\boldsymbol{a}\cdot\boldsymbol{b})^2+|\boldsymbol{a}\times\boldsymbol{b}|^2=|\boldsymbol{a}|^2|\boldsymbol{b}|^2$.

12. 已知平行四边形的两对角线向量为 $\boldsymbol{c}=\boldsymbol{m}+2\boldsymbol{n}$ 及 $\boldsymbol{d}=3\boldsymbol{m}-4\boldsymbol{n}$,而$|\boldsymbol{m}|=1$,$|\boldsymbol{n}|=2$,$(\boldsymbol{m}\hat{,}\boldsymbol{n})=30^\circ$,求此平行四边形的面积.

13. 证明:向量 $\boldsymbol{a}=(3,4,5)$,$\boldsymbol{b}=(1,2,2)$和 $\boldsymbol{c}=(9,14,16)$是共面的.

14. 已知 3 个向量 $\boldsymbol{a}$,$\boldsymbol{b}$,$\boldsymbol{c}$,其中 $\boldsymbol{c}\perp\boldsymbol{a}$,$\boldsymbol{c}\perp\boldsymbol{b}$,又$(\boldsymbol{a}\hat{,}\boldsymbol{b})=\dfrac{\pi}{6}$,且$|\boldsymbol{a}|=6$,$|\boldsymbol{b}|=|\boldsymbol{c}|=3$,求$(\boldsymbol{a}\times\boldsymbol{b})\cdot\boldsymbol{c}$.

第三节　平面及其方程

理解曲面方程和空间曲线方程的概念，理解平面的点法式方程和一般方程，能够根据已知条件求平面的方程，理解并且会求平面的夹角，掌握点到平面的距离公式.

1. 平面的点法式方程；
2. 平面的一般方程；
3. 平面的截距式方程；
4. 点到平面的距离公式.

例 1　求过点 $M(2,4,-3)$ 且与平面 $2x+3y-5z=5$ 平行的平面方程.

分析： 若两平面平行，则它们的法向量平行，可取已知平面的法向量为所求平面的法向量，从而得到所求平面的点法式方程.

解： 因为所求平面和已知平面平行，而已知平面的法向量为 $\boldsymbol{n}_1=\{2,3,-5\}$. 设所求平面的法向量为 $\boldsymbol{n}$，则 $\boldsymbol{n}//\boldsymbol{n}_1$，故可取 $\boldsymbol{n}=\boldsymbol{n}_1$，于是，所求平面方程为

$$2(x-2)+3(y-4)-5(z+3)=0，即\ 2x+3y-5z=31.$$

例 2　设平面过原点及点 $(6,-3,2)$，且与平面 $4x-y+2z=8$ 垂直，求此平面方程.

分析： 采用待定系数法，利用两平面垂直的条件和其他已知条件，求得参数的比例关系.

解： 设为 $Ax+By+Cz+D=0$，由平面过原点知 $D=0$，由平面过点 $(6,-3,2)$ 知 $6A-3B+2C=0$. 又 $\{A,B,C\}\perp\{4,-1,2\}$，得 $4A-B+2C=0$，得 $A=B=-\dfrac{2}{3}C$，

所求平面方程为 $2x+2y-3z=0$.

例 3　求平行于平面 $6x+y+6z+5=0$ 而与三个坐标面所围成的四面体体积为一个单位的平面方程.

分析： 设出平面方程并化为截距式，进而用截距表示四面体的体积.

解： 设平面方程为 $6x+y+6z=k$，即 $\dfrac{x}{\frac{k}{6}}+\dfrac{y}{k}+\dfrac{z}{\frac{k}{6}}=1$，则 $\dfrac{1}{6}\left|\dfrac{k}{6}\cdot k\cdot\dfrac{k}{6}\right|=1$.

得 $k=\pm 6$，所求平面方程为 $6x+y+6z=\pm 6$.

A类题

1. 求过点 $M_0(-2,-9,6)$且与连接坐标原点及 M_0 的线段 $\overrightarrow{OM_0}$ 垂直的平面方程.

2. 求过定点 $P_0(x_0,y_0,z_0)$,且经过 x 轴的平面方程.

3. 一平面通过点$(2,1,-1)$,它在 x 轴和 y 轴上的截距分别为 2 和 1,求该平面方程.

4. 一平面通过点 $M_1(x_1,y_1,z_1)$和 $M_2(x_2,y_2,z_2)$,且平行于向量 $\vec{a}=\{m,n,p\}$,假定 $\overrightarrow{M_1M_2}$ 与 $\vec{a}$ 不平行,求此平面方程.

5. 一平面经过坐标原点和点 $A(6,3,2)$,并与平面 $5x+4y-3z=8$ 垂直,求该平面方程.

6. 经过点 $M(-5,16,12)$作两个平面，一个包含 x 轴，另一个包含 y 轴，计算这两个平面间的夹角.

7. 设两平面 $\pi_1: 2x-3y+\sqrt{3}z+4=0$，$\pi_2: 3x+2y-2\sqrt{3}z-5=0$，求它们的两个平分角平面方程.

8. 一平面经过 oz 轴且与平面 $2x+y-\sqrt{5}z=7$ 的夹角为 $60°$，试求该平面方程.

9. 已知 $|\overrightarrow{OM_0}|=p$，$|\overrightarrow{OM_0}|$的方向角分别为 α,β,γ，试证明：过点 M_0 且垂直于 $|\overrightarrow{OM_0}|$的平面方程为：$x\cos\alpha+y\cos\beta+z\cos\gamma-p=0$.

10. 设有一平面，它与 xoy 坐标平面的交线是 $\begin{cases}2x+y-2=0\\z=0\end{cases}$，且它与 3 个坐标面所围成的四面体的体积等于 2，求该平面的方程.

第四节　空间直线及其方程

理解直线的一般方程、对称式方程和参数方程，会把一般方程化为对称式方程和参数方程，理解并会求直线的夹角、直线与平面的夹角，会解与直线和平面有关的综合性问题.

1. 空间直线的一般方程；
2. 空间直线的对称式方程；
3. 空间直线的参数方程；
4. 两直线的夹角，直线与平面的夹角；
5. 平面束方程.

例 1　求过点$(-3,2,5)$且与两个平面$2x-y-5z=1$和$x-4z=3$的交线平行的直线的方程.

分析：过已知点作与两个已知平面分别平行的平面，其交线即为所求直线.

解：过点$(-3,2,5)$且分别与两个已知平面平行的平面为

$$\pi_1:2(x+3)-(y-2)-5(z-5)=0,\ \pi_2:(x+3)-4(z-5)=0,$$

即
$$\pi_1:2x-y-5z+33=0,\ \pi_2:x-4z+23=0.$$

所求直线的一般方程为：

$$\begin{cases}2x-y-5z+33=0,\\ x-4z+23=0.\end{cases}$$

例 2　设一直线过点$A(2,-3,4)$，且与y轴垂直相交，求其方程.

分析：利用y轴上点的坐标的特殊性.

解：因为直线和y轴垂直相交，所以交点为$B(0,-3,0)$，$\boldsymbol{s}=\overrightarrow{BA}=\{2,0,4\}$，所求直线方程$\dfrac{x-2}{2}=\dfrac{y+3}{0}=\dfrac{z-4}{4}$.

例 3　设直线$L:\dfrac{x-1}{2}=\dfrac{y}{-1}=\dfrac{z+1}{2}$，平面$\Pi:x-y+2z=3$，求直线与平面的夹角$\varphi$.

分析：考察直线的方向向量与平面的法向量的夹角.

解：$\boldsymbol{n}=\{1,-1,2\}$，$\boldsymbol{s}=\{2,-1,2\}$，

$$\sin\varphi=\frac{|1\times2+(-1)\times(-1)+2\times2|}{\sqrt{6}\cdot\sqrt{9}}=\frac{7}{3\sqrt{6}},\ \varphi=\arcsin\frac{7}{3\sqrt{6}}.$$

A 类题

1. 试求直线$\begin{cases}x-y+z+5=0,\\5x-8y+4z+36=0\end{cases}$的标准方程.

2. 求直线$\dfrac{x-12}{4}=\dfrac{y-9}{3}=\dfrac{z-1}{1}$与平面 $3x+5y-z-2=0$ 的交点.

3. 求过直线 $L:\begin{cases}x+2y-z+1=0,\\2x-3y+z=0\end{cases}$和点 $P_0(1,2,3)$的平面方程.

4. 求过点 $M(1,2,-1)$且与$\dfrac{x-2}{-1}=\dfrac{y+4}{3}=\dfrac{z+1}{1}$垂直的平面方程.

5. 已知两直线 $L_1:\dfrac{x-2}{1}=\dfrac{y+2}{-1}=\dfrac{z-3}{2}$与 $L_2:\dfrac{x-1}{-1}=\dfrac{y+1}{2}=\dfrac{z-1}{-1}$,求过直线 L_1 与 L_2 的平面方程.

6. 求直线 $L:\begin{cases}3x-4y+z-2=0,\\ x-2y=0\end{cases}$ 在 xoy 面及 yoz 面上的投影直线方程 l_1,l_2.

7. 求直线 $L:\dfrac{x-1}{-1}=\dfrac{y}{-1}=\dfrac{z-1}{1}$ 在平面 $\Pi:x-y+2z-1=0$ 上的投影直线方程.

8. 求过点 $P(2,2,2)$ 且与直线 $\dfrac{x}{1}=\dfrac{y}{1}=\dfrac{z+2}{-3}$ 垂直相交的直线方程.

9. 确定直线 $L:\begin{cases}2x+y-1=0,\\ 3x+z-2=0\end{cases}$ 与平面 $\Pi:x+2y-z=1$ 的位置关系.

10. 设直线 L 过点 $A(-3,5,-9)$ 且与两直线 $L_1:\begin{cases}3x-y+5=0\\ 2x-z-3=0\end{cases}$, $L_2:\begin{cases}4x-y-7=0\\ 5x-z+10=0\end{cases}$ 相交,求直线 L 的方程.

11. 求过点 $P(-1,2,3)$并垂直于直线$\frac{x}{6}=\frac{y}{5}=\frac{z}{4}$且平行于平面 $3x+4y+5z+6=0$ 的直线方程.

12. 求点$(1,2,3)$到直线$\begin{cases}x+y-z=1,\\2x+z=3\end{cases}$的距离.

13. 求直线 L_1:$\frac{x-1}{1}=\frac{y+1}{1}=\frac{z-1}{2}$与直线 L_2:$\frac{x+1}{2}=\frac{y-1}{1}=\frac{z-2}{4}$之间的最短距离.

14. 一直线过点 $P(-3,5,-9)$且和两直线 L_1:$\begin{cases}y=3x+5,\\z=2x-3,\end{cases}$ L_2:$\begin{cases}y=4x-7,\\z=5x+10\end{cases}$ 相交,求此直线方程.

15. 求过平面 Π:$x+y+z=1$ 和直线 L_1:$\begin{cases}y=1\\z=-1\end{cases}$的交点,并在已知平面上且垂直于已知直线的直线方程.

16. 求过点 $A(1,0,-1)$ 且与平面 $\pi: 2x-y+z-5=0$ 平行，又与直线 $l_1: \frac{x+1}{2}=\frac{y-1}{-1}=\frac{z}{2}$ 相交的直线 L 的方程.

17. 设平面 π 垂直于平面 $z=0$，且通过点 $A(1,-1,1)$ 到直线 $L: \begin{cases} y-z+1=0 \\ x=0 \end{cases}$ 的垂线，求平面 π 的方程.

18. 已知点 $A(2,-1,2)$，直线 $L_1: \begin{cases} x+y+z-6=0 \\ 3x+y-z-2=0 \end{cases}$，点 B 是点 A 关于 L_1 的对称点，求过点 B 且平行于的直线 L_1 的直线 L 的方程.

19. 求通过直线 $L: \begin{cases} 2x+y=0 \\ 4x+2y+3z=6 \end{cases}$ 且与球面 $x^2+y^2+z^2=4$ 相切的平面 π 的方程.

第五节　曲面及其方程

会根据点的几何轨迹建立曲面的方程，会从方程出发研究曲面的形状，理解旋转曲面的定义，会根据母线和轴求旋转曲面的方程，理解柱面的定义，会判断柱面的类型，了解二次曲面的分类，会用截痕法分析曲面形状.

知识要点

1. 旋转曲面的定义和求法；

2. 柱面的概念和判定；

3. 二次曲面的分类.

典型例题

例　求与原点 O 及 $M_0(2,3,4)$ 的距离之比为 $1:2$ 的点的全体所组成的曲面方程.

分析：根据两点间距离公式得到方程，然后化简.

解：设 $M(x,y,z)$ 是曲面上任一点，根据题意有

$$\frac{|MO|}{|MM_0|}=\frac{1}{2},\quad 即\frac{\sqrt{x^2+y^2+z^2}}{\sqrt{(x-2)^2+(y-3)^2+(z-4)^2}}=\frac{1}{2},$$

所求方程为 $\left(x+\frac{2}{3}\right)^2+(y+1)^2+\left(z+\frac{4}{3}\right)^2=\frac{116}{9}$.

A 类题

1. 指出下列方程表示什么曲面，并作其草图

(1) $-\frac{x^2}{4}+\frac{y^2}{9}=1$；　　(2) $\frac{x^2}{9}+\frac{z^2}{4}=1$；

(3) $y^2-z=0$；　　(4) $\frac{x^2}{4}+\frac{y^2}{4}=z$；

(5) $x^2+y^2-\frac{z^2}{9}=0$；

(6) $x^2-\frac{y^2}{4}-\frac{z^2}{4}=1$.

2.说明下列旋转曲面是怎样形成的：

(1) $\frac{x^2}{4}+\frac{y^2}{9}+\frac{z^2}{9}=1$；

(2) $(z-a)^2=x^2+y^2$.

3. 已知准线方程为立方抛物线 $C:\begin{cases}y=x^3\\ z=0\end{cases}$，求：

(1) 以$\{l,m.n\}$为母线方向的柱面方程；

(2) 以(a,b,c)，$c\neq 0$为顶点的锥面方程.

第六节　空间曲线及其方程

理解空间曲线的一般方程,能够根据方程画出曲线的图形,理解曲线的参数方程,理解并会求曲线在坐标面上的投影,会求立体在坐标面上的投影.

1. 空间曲线的一般方程;
2. 空间曲线的参数方程;
3. 空间曲线在坐标面上的投影.

例　求曲线$\begin{cases}x^2+y^2+z^2=1,\\ z=\dfrac{1}{2}\end{cases}$在坐标面上的投影方程.

分析: 分别消变量 x,y,z,结合实际图形考察变量的取值范围.

解: (1)消变量 z,得 $x^2+y^2=\dfrac{3}{4}$,在 xoy 面上的投影为

$$\begin{cases}x^2+y^2=\dfrac{3}{4},\\ z=0;\end{cases}$$

(2) 因曲线在平面 $z=\dfrac{1}{2}$上,所以在 xoz 面上的投影为线段

$$\begin{cases}z=\dfrac{1}{2},\\ y=0\end{cases}\quad |x|\leqslant\frac{\sqrt{3}}{2};$$

(3) 在 yoz 面上的投影为线段

$$\begin{cases}z=\dfrac{1}{2},\\ x=0\end{cases}\quad |y|\leqslant\frac{\sqrt{3}}{2}.$$

A 类题

1. 指出下列方程所表示的曲线:

(1) $\begin{cases}x^2-y^2=8z,\\ z=8;\end{cases}$　　(2) $\begin{cases}x^2+y^2+z^2=25,\\ z=3;\end{cases}$

(3) $\begin{cases} x^2-4y^2+9z^2=36, \\ y=1; \end{cases}$　　(4) $\begin{cases} y^2+z^2-4x+8=0, \\ y=4. \end{cases}$

2. 将曲线$\begin{cases} x+y=2, \\ x^2+y^2+z^2=2(x+y) \end{cases}$表示成参数方程形式.

3. 求曲线 C：$\begin{cases} x^2+z^2+3yz-2x+3z-3=0, \\ y-z+1=0 \end{cases}$关于 zox 面的投影柱面方程和 C 在 zox 面的投影曲线方程.

4. 求抛物柱面 $y^2=ax$ 与旋转抛物面 $y^2+z^2=4ax$ 的交线 C 在 xoz 坐标面上的投影.

第十章　重积分

第一节　二重积分的概念与性质

本节要求读者理解二重积分的概念，了解二重积分的性质.

1. 二重积分的定义及几何意义；
2. 二重积分的可加性、估值不等式及中值定理.

例 1　利用二重积分的性质估计积分 $I=\iint\limits_{D}xy(x+y)\mathrm{d}\sigma$，其中 $D:0\leqslant x\leqslant 1,0\leqslant y\leqslant 1$ 的值.

分析： 利用估值不等式可以估算出二重积分的大致范围.

解： 设 $f(x,y)=xy(x+y)$ 且 $0\leqslant x\leqslant 1,0\leqslant y\leqslant 1$

$$\therefore f_{\min}(x,y)=f(0,0)=0,\quad \therefore f_{\max}(x,y)=f(1,1)=2;$$

故由积分估值公式得 $0\cdot\sigma\leqslant I\leqslant 2\cdot\sigma$，而 $\sigma=1$，所以 $0\leqslant I\leqslant 2$.

例 2　估计二重积分 $I=\iint\limits_{|x|+|y|\leqslant 10}\dfrac{1}{100+\cos^2 x+\sin^2 y}\mathrm{d}\sigma$ 的值.

分析： 可用二重积分的中值定理估计积分值，其本质上与用单调性估值是一致的.

解： 利用中值定理，因为 $f(x,y)=\dfrac{1}{100+\cos^2 x+\sin^2 y}$ 在闭区域 D 上连续，所以在 D 上至少有一点 (ξ,η)，使得 $I=\dfrac{1}{100+\cos^2\xi+\cos^2\eta}\sigma$，显然 $\dfrac{1}{102}\leqslant\dfrac{1}{100+\cos^2\xi+\cos^2\eta}\leqslant\dfrac{1}{100}$，而 $\sigma=200$，所以 $\dfrac{100}{51}=\dfrac{200}{102}\leqslant I\leqslant\dfrac{200}{100}=2$.

例 3　根据二重积分性质，比较 $\iint\limits_{D}\ln(x+y)\mathrm{d}\sigma$ 与 $\iint\limits_{D}[\ln(x+y)]^2\mathrm{d}\sigma$ 的大小，其中 D 是矩形闭区域：$3\leqslant x\leqslant 5,0\leqslant y\leqslant 1$.

分析：当积分区域相同时，根据二重积分的性质，可通过比较被积函数在积分区域内的大小来判断二重积分的大小.

解：在 D 上有 $x+y>\mathrm{e}$，所以 $\ln(x+y)>1,\ln(x+y)\leqslant[\ln(x+y)]^2$，因而有 $\iint\limits_D[\ln(x+y)]^2\mathrm{d}\sigma>\iint\limits_D\ln(x+y)\mathrm{d}\sigma$.

A类题

1. 填空题：

(1) 设有一块平面薄板(不计其厚度)占有 xoy 面上的闭区域 D，薄板上分布有面密度为 $\mu(x,y)$ 的电荷，且 $\mu(x,y)$ 在 D 上连续，则该板上的全部电荷 Q 用二重积分表示为____________.

(2) 根据二重积分的几何意义，$\iint\limits_{x^2+y^2\leqslant 1}\sqrt{1-x^2-y^2}\,\mathrm{d}\sigma=$____________.

(3) 若区域 D 由直线 $x+y=1,x-y=1$ 及 $x=0$ 围成，则根据二重积分的几何意义，$\iint\limits_D y\,\mathrm{d}\sigma=$____________.

(4) 设在 R^2 上 $f(x,y)\leqslant g(x,y)$，则曲面 $z=f(x,y),z=g(x,y)$ 和 $x^2+y^2=1$ 所围立体的体积为____________.

2. 利用二积分的性质估计下列积分的值：

(1) $I=\iint\limits_D xy(x+y)\mathrm{d}\sigma$，其中 $D:0\leqslant x\leqslant 1,0\leqslant y\leqslant 1.$；

(2) $I=\iint\limits_D\sin^2x\sin^2y\,\mathrm{d}\sigma$，其中 $D:0\leqslant x\leqslant\pi,0\leqslant y\leqslant\pi$.

B类题

1. 设 D_1 是 x 轴、y 轴与 $x+y=1$ 所围区域，D_2 为 $(x-2)^2+(y-1)^2\leqslant 2$，试在同一坐标系中画出 D_1 与 D_2 的图形，并根据二重积分的性质由小到大的次序排列出 I_1、I_2、I_3、I_4，其中 $I_1=\iint\limits_{D_1}(x+y)^2\mathrm{d}\sigma$，$I_2=\iint\limits_{D_1}(x+y)^3\mathrm{d}\sigma$，$I_3=\iint\limits_{D_2}(x+y)^2\mathrm{d}\sigma$，$I_4=\iint\limits_{D_2}(x+y)^3\mathrm{d}\sigma$.

2. 设 $f(x,y)$ 在平面区域 $D:x^2+y^2\leqslant 1$ 上连续，证明：

$$\lim_{R\to 0}\frac{1}{R^2}\iint\limits_{x^2+y^2\leqslant R^2}f(x,y)\mathrm{d}\sigma=\pi f(0,0).$$

3. 证明：$1\leqslant\iint\limits_{D}(\sin x^2+\cos y^2)\mathrm{d}\sigma\leqslant\sqrt{2}$，其中 $D=\{(x,y)\mid 0\leqslant x\leqslant 1,0\leqslant y\leqslant 1\}$.

第二节　二重积分的计算法

本节要求读者掌握二重积分在直角坐标系及极坐标系下的计算方法.

1. 直角坐标系中二重积分如何化为二次积分(X 型、Y 型);
2. 极坐标系中二重积分如何化为二次积分;
3. 利用二重积分的几何含义求空间立体的体积.

例 1　计算 $\iint\limits_D xy\,d\sigma$,其中 D 是由直线 $y=1$,$x=2$ 及 $y=x$ 所围.

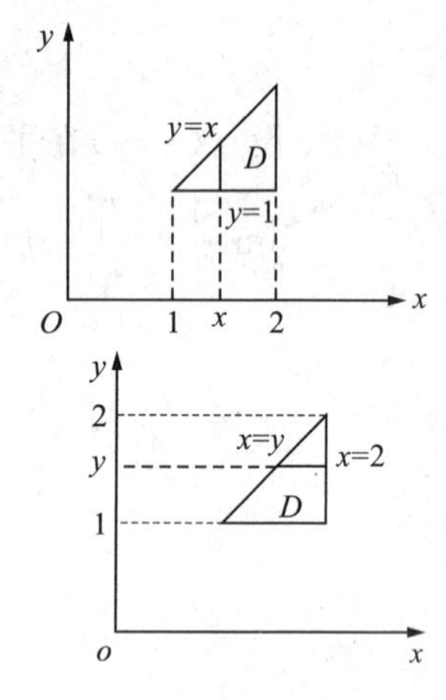

解法 1:积分区域看作 X 型时,

$$\iint\limits_D xy\,d\sigma=\int_1^2\left[\int_1^x xy\,dy\right]dx=\int_1^2\left[x\cdot\frac{y^2}{2}\right]\Big|_1^x dx$$

$$=\int_1^2\left(\frac{x^3}{2}-\frac{x}{2}\right)dx=\left[\frac{x^4}{8}-\frac{x^2}{4}\right]\Big|_1^2=1\frac{1}{8}$$

解法 2:积分区域看做 Y 型时,

$$\iint\limits_D xy\,d\sigma=\int_1^2\left[\int_y^2 xy\,dx\right]dy=\int_1^2\left[y\cdot\frac{x^2}{2}\right]\Big|_y^2 dy$$

$$=\int_1^2(2y-\frac{y^3}{2})dy=\left[y^2-\frac{y^4}{8}\right]\Big|_1^2=1\frac{1}{8}$$

例 2　求 $I=\iint\limits_D x\,dx\,dy$,其中 D 在 x 轴上方,由

$$y=-x,x^2+y^2=a^2,x^2-ax+y^2=0(a>0)\text{ 所围成.}$$

分析:积分区域用极坐标表示较为容易.

解:区域 D 的草图如图所示.用极坐标进行计算.

令 $\begin{cases}x=r\cos\theta\\y=r\sin\theta\end{cases}$

$y=-x$ 为 $\theta=\dfrac{3\pi}{4}$; $x^2+y^2=a^2$ 为 $r=a$; $x^2-ax+y^2=0$ 为 $r=a\cos\theta$.

$$I=\int_0^{\frac{\pi}{2}}d\theta\int_{a\cos\theta}^a r^2\cos\theta\,dr+\int_{\frac{\pi}{2}}^{\frac{3\pi}{4}}d\theta\int_0^a r^2\cos\theta\,dr$$

$$=\int_0^{\frac{\pi}{2}}\frac{a^3}{3}(1-\cos^3\theta)\cos\theta\,\mathrm{d}\theta+\sin\theta\Big|_{\frac{\pi}{2}}^{\frac{3\pi}{4}}\cdot\frac{r^3}{3}\Big|_0^a$$

$$=\frac{a^3}{3}\int_0^{\frac{\pi}{2}}(\cos\theta-\cos^4\theta)\mathrm{d}\theta+\frac{a^3}{3}(\frac{\sqrt{2}}{2}-1)$$

$$=\frac{a^3}{3}(1-\frac{3!!}{4!!}\cdot\frac{\pi}{2}+\frac{\sqrt{2}}{2}-1)=\frac{a^3}{48}(8\sqrt{2}-3\pi)$$

例 3　求由曲面 $z=3x^2+y^2$ 与 $z=1-x^2$ 所围成的立体的体积.

分析：二重积分的几何意义为柱体的体积，因此体积问题可转化为二重积分问题求解.

解：立体在 xoy 坐标面的投影区域为 D_{xy}，设 D_1 为 D_{xy} 在第一象限的部分，则由对称性知：

$$V=4\iint\limits_{D_1}[1-x^2-(3x^2+y^2)]\mathrm{d}x\,\mathrm{d}y=4\iint\limits_{D_1}(1-4x^2-y^2)\mathrm{d}x\,\mathrm{d}y$$

$$=4\int_0^{\frac{1}{2}}\mathrm{d}x\int_0^{\sqrt{1-4x^2}}[(1-4x^2)-y^2]\mathrm{d}y$$

$$=4\int_0^{\frac{1}{2}}[(1-4x^2)^{\frac{3}{2}}-\frac{1}{3}(1-4x^2)^{\frac{3}{2}}]\mathrm{d}x$$

$$=\frac{8}{3}\int_0^{\frac{1}{2}}(1-4x^2)^{\frac{3}{2}}\mathrm{d}x=\frac{4}{3}\int_0^{\frac{\pi}{2}}\cos^4 t\,\mathrm{d}t$$

$$=\frac{4}{3}\times\frac{3}{4}\times\frac{1}{2}\times\frac{\pi}{2}=\frac{\pi}{4}$$

A 类题

1. 填空题：

(1) 设 $D:|x|\leqslant 2,|y|\leqslant 1$，则 $\iint\limits_D\frac{1}{1+y^2}\mathrm{d}\sigma=$________________.

(2) 交换积分次序 $\int_0^1\mathrm{d}x\int_x^1 f(x,y)\mathrm{d}y=$________________.

(3) 设 $f(x,y)$在区域 D 上可积，且 D 的形状关于 x 轴对称，则 $f(x,-y)=-f(x,y)$当时，$\iint\limits_D f(x,y)\mathrm{d}\sigma=$________________.

(4) $\int_0^2\mathrm{d}x\int_0^{\sqrt{4-x^2}}\arctan\frac{y}{x}\mathrm{d}y$ 在极坐标系下的二次积分为________________.

2. 求 $\iint\limits_D x\mathrm{e}^{xy}\mathrm{d}x\,\mathrm{d}y$ 的值，其中 $D=\{(x,y)\mid 0\leqslant x\leqslant 1,-1\leqslant y\leqslant 0\}$.

3. 求$\iint\limits_D \frac{dx\,dy}{(x-y)^2}$的值,其中$D=\{(x,y)\mid 1\leqslant x\leqslant 2,3\leqslant y\leqslant 4\}$.

4. 求积分$\iint\limits_D (1+x)y\,d\sigma$的值,其中$D$是顶点为$(0,0)$、$(1,0)$、$(1,2)$、$(0,1)$的梯形.

5. 将二重积分$\iint\limits_D f(x,y)\,d\sigma$化为二次积分:

(1) D为$x+y=1,x-y=1,x=0$所围成的区域;

(2) D为$y-2x=0,2y-x=0,xy=2$所围成的第一象限的部分.

6. 交换下列二积分的积分次序：

(1) $\int_1^e dx\int_0^{\ln x} f(x,y)dy$ ；

(2) $\int_0^1 dx\int_0^{x^2} f(x,y)dy+\int_1^3 dx\int_0^{\frac{1}{2}(3-x)} f(x,y)dy$；

(3) $\int_0^2 dy\int_{y^2}^{2y} f(x,y)dx$ ；

(4) $\int_0^{\pi} dy\int_{-\sin\frac{y}{2}}^{\sin y} f(x,y)dx$.

7. 计算 $I=\int_0^1 \mathrm{d}y\int_{\sqrt{y}}^1 \mathrm{e}^{\frac{y}{x}}\,\mathrm{d}x$.

8. 将下列二次积分化为极坐标下的二次积分：

(1) $\int_0^{2R}\mathrm{d}y\int_0^{\sqrt{2Ry-y^2}} f(x,y)\mathrm{d}x$ ；

(2) $\int_0^R \mathrm{d}x\int_0^{\sqrt{R^2-x^2}} f(x^2+y^2)\mathrm{d}y$.

9. 利用极坐标计算下列各题：

(1) $\iint\limits_D \ln(1+x^2+y^2)\mathrm{d}x\,\mathrm{d}y$,其中 D 为 $x^2+y^2=1$ 所围成的第一象限内的区域.

(2) $\int_0^1 \mathrm{d}x \int_{x^2}^{x} (x^2+y^2)^{-\frac{1}{2}} \mathrm{d}y$.

B 类题

1. 选用适当的坐标系计算下列各题：

(1) $I=\iint\limits_D (x^2+y^2)\mathrm{d}\sigma$，其中 D 是 $x=-\sqrt{1-y^2}$，$y=-1$，$y=1$ 及 $x=-2$ 所围成的区域；

(2) $I=\iint\limits_D (\sqrt{x^2+y^2}+y)d\sigma$，其中 D：$-2x \leqslant x^2+y^2 \leqslant 4$.

2. 求由平面 $y=0$，$y=kx(k>0)$，$z=0$ 以及球心在原点、半径为 R 的上半球面所围成的第一卦限内的立体体积.

3. 设平面薄片所占据的区域 D 由螺线 $\rho=2\theta$ 上的一段弧($0\leqslant\theta\leqslant\frac{\pi}{2}$)与直线 $\theta=\frac{\pi}{2}$ 所围成，其面密度为 $\mu(x,y)=x^2+y^2$，求平面薄片的质量.

第三节　三重积分

本节要求读者了解三重积分的概念，了解三重积分的计算方法(直角坐标、柱面坐标、球面坐标).

知识要点

1. 三重积分的概念；

2. 在不同坐标系下将三重积分化为三次积分(直角坐标、柱面坐标、球面坐标).

典型例题

例 1　试将三重积分 $\iiint\limits_{\Omega} f(x,y,z)\mathrm{d}v$ 化为累次积分，其中 Ω 由 $x^2+y^2+z^2=4, z=\sqrt{3(x^2+y^2)}$ 围成，分别用直角坐标、柱面坐标、球面坐标表达累次积分.

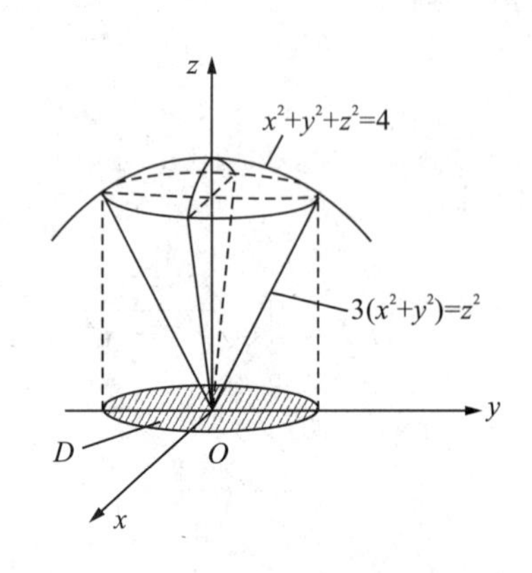

解：积分区域如图所示：由 $\begin{cases} x^2+y^2+z^2=4 \\ z=\sqrt{3(x^2+y^2)} \end{cases}$ 可得投影柱面为 $x^2+y^2=1$，投影区域为：$D:\begin{cases} x^2+y^2\leqslant 1 \\ z=0 \end{cases}$

(1)在直角坐标系下的累次积分为

$$\iiint\limits_{\Omega} f(x,y,z)\mathrm{d}v=\int_{-1}^{1}\mathrm{d}x\int_{-\sqrt{1-x^2}}^{\sqrt{1-x^2}}\mathrm{d}y\int_{\sqrt{3(x^2+y^2)}}^{\sqrt{4-x^2-y^2}} f(x,y,z)\mathrm{d}z$$

(2)在柱面坐标下的累次积分为

$$\iiint\limits_{\Omega} f(x,y,z)\mathrm{d}v=\int_{0}^{2\pi}\mathrm{d}\theta\int_{0}^{1} r\,\mathrm{d}r\int_{\sqrt{3}r}^{\sqrt{4-r^2}} f(r\cos\theta, r\sin\theta, z)\mathrm{d}z$$

(3)在球面坐标下的累次积分为

$$\iiint\limits_{\Omega} f(x,y,z)\mathrm{d}v=\int_{0}^{2\pi}\mathrm{d}\theta\int_{0}^{\frac{\pi}{6}}\mathrm{d}\varphi\int_{0}^{2} f(r\sin\varphi\cos\theta, r\sin\varphi\sin\theta, r\cos\varphi)r^2\sin\varphi\,\mathrm{d}r.$$

例 2　计算 $I=\int_0^1\mathrm{d}x\int_0^{1-x}\mathrm{d}z\int_0^{1-x-z}(1-y)\mathrm{e}^{-(1-y-z)^2}\mathrm{d}y$.

分析：直接积分困难，可以考虑交换积分次序.

解：积分区域 Ω 是由平面 $x+y+z=1$ 与三个坐标平面所围成的四面体，先对 x 积分，有

$$I=\iiint\limits_{\Omega}(1-y)\mathrm{e}^{-(1-y-z)^2}\mathrm{d}v=\iint\limits_{D_{yz}}\mathrm{d}y\mathrm{d}z\int_0^{1-y-z}(1-y)\mathrm{e}^{-(1-y-z)^2}\mathrm{d}x$$

$$=\iint_{D_{yz}}(1-y)(1-y-z)\mathrm{e}^{-(1-y-z)^2}\mathrm{d}y\mathrm{d}z$$

$$=\int_0^1(1-y)\mathrm{d}y\int_0^{1-y}(1-y-z)\mathrm{e}^{-(1-y-z)^2}\mathrm{d}z$$

$$=\frac{1}{2}\int_0^1(1-y)\left[\mathrm{e}^{-(1-y-1+y)^2}-\mathrm{e}^{-(1-y-0)^2}\right]\mathrm{d}y$$

$$=\frac{1}{2}\int_0^1(1-y)\left[1-\mathrm{e}^{-(1-y)^2}\right]\mathrm{d}y=\frac{1}{4\mathrm{e}}$$

A 类题

1. 填空题：

(1) 设一物体占据空间区域 Ω，其密度为连续函数 $\mu(x,y,z)$，则其质量为________.

(2) 设空间区域 $\Omega_1: x^2+y^2+z^2\leqslant R^2, z\geqslant 0$；$\Omega_2: x^2+y^2+z^2\leqslant R^2, x>0, y>0, z>0$，则 $\iiint\limits_{\Omega_1}z\mathrm{d}v$ 与 $\iiint\limits_{\Omega_2}z\mathrm{d}v$ 的关系为________________.

(3) 柱面坐标 (ρ,θ,z) 与直角坐标 (x,y,z) 的关系为________________，在柱面坐标系下体积元素 $\mathrm{d}v=$________________.

(4) 设 $\Omega=\{(x,y,z)\mid x^2+y^2+(z-\frac{1}{2})^2\leqslant\frac{1}{4}\}$，则在球坐标系下化 $\iiint\limits_{\Omega}f(x,y,z)\mathrm{d}v$ 为三次积分________________.

2. 分别在直角坐标系、柱面坐标系、球坐标系下将三重积分 $I=\iiint\limits_{\Omega}xyz\mathrm{d}v$ 化为累次积分，其中 Ω 由 $z=6-x^2-y^2$ 和 $z=\sqrt{x^2+y^2}$ 所围成.

3. 求下列三重积分：

(1) $I=\iiint\limits_{\Omega}\dfrac{\mathrm{d}x\mathrm{d}y\mathrm{d}z}{x^2+y^2}$，其中 Ω 是由平面 $x=1$、$x=2$、$z=0$、$y=x$ 及 $z=y$ 围成.

(2) $I=\iiint\limits_{\Omega} z\,\mathrm{d}x\,\mathrm{d}y\,\mathrm{d}z$,其中 $\Omega=\{(x,y,z)\mid x^2+y^2+z^2\leqslant R^2, x\geqslant 0, y\geqslant 0, z\geqslant 0\}$.

(3) $I=\iiint\limits_{\Omega} \mathrm{e}^{|z|}\,\mathrm{d}v$,其中 $\Omega: x^2+y^2+z^2\leqslant 1$.

(4) $I=\iiint\limits_{\Omega} z(x^2+y^2)\,\mathrm{d}x\,\mathrm{d}y\,\mathrm{d}z$,$\Omega$ 是由锥面 $z=\sqrt{x^2+y^2}$ 及平面 $z=1$、$z=2$ 所围区域.

(5) $I=\iiint\limits_{\Omega} \dfrac{\mathrm{d}x\,\mathrm{d}y\,\mathrm{d}z}{\sqrt{x^2+y^2+z^2}}$,其中 $\Omega: x^2+y^2+z^2\leqslant 2z, z\geqslant 1, y\geqslant 0$.

(6) $I=\iiint\limits_{\Omega} z^2\,\mathrm{d}x\,\mathrm{d}y\,\mathrm{d}z$,$\Omega$:$\begin{cases} x^2+y^2+z^2\leqslant R^2 \\ x^2+y^2+z^2\leqslant 2Rz \end{cases}$.

(7) $I=\iiint\limits_{\Omega} y^2\mathrm{d}x\mathrm{d}y\mathrm{d}z$，$\Omega$：$\dfrac{x^2}{a^2}+\dfrac{y^2}{b^2}+\dfrac{z^2}{c^2}\leqslant 1$ 及 $z\geqslant 0$.

(8) $I=\iiint\limits_{\Omega}(x^2+y^2+z^2)\mathrm{d}x\mathrm{d}y\mathrm{d}z$，其中 Ω 为球体 $x^2+y^2+z^2\leqslant z$ 在第一卦限中的部分.

B 类题

1. 设 $f(x)$ 连续，Ω：$0\leqslant z\leqslant h$，$x^2+y^2\leqslant t^2$，$F(t)=\iiint\limits_{\Omega}[z^2+f(x^2+y^2)]\mathrm{d}v$，求 $\dfrac{\mathrm{d}F}{\mathrm{d}t}$ 及 $\lim\limits_{t\to 0}\dfrac{F(t)}{t^2}$.

2. 求下列立体的体积：

(1) 曲面 $(x^2+y^2+z^2)^2=a^3z\,(a>0)$ 所围立体.

(2) 曲面 $x^2+y^2+z^2=a^2$ 与 $x^2+z^2=b^2\,(0<b<a)$ 所围立体.

第四节　重积分的应用

本节要求读者能利用重积分的元素法计算曲面的面积、质心、转动惯量及引力.

1. 曲面的面积的计算方法;
2. 平面薄片及空间立体的质心、转动惯量及引力计算公式.

例 1　求锥面 $z=\sqrt{x^2+y^2}$ 被柱面 $z^2=2x$ 所割下部分的面积.

分析: 根据曲面的面积计算公式,选择合适的坐标系进行计算.

解: $\because \dfrac{\partial z}{\partial x}=\dfrac{x}{\sqrt{x^2+y^2}},\dfrac{\partial z}{\partial y}=\dfrac{y}{\sqrt{x^2+y^2}},$

$$\therefore 1+\left(\frac{\partial z}{\partial x}\right)^2+\left(\frac{\partial z}{\partial y}\right)^2=2$$

而曲面在 xoy 面上的投影区域为 $D:(x-1)^2+y^2\leqslant 1$

$$\therefore S=\iint_D\sqrt{1+\left(\frac{\partial z}{\partial x}\right)^2+\left(\frac{\partial z}{\partial y}\right)^2}\,\mathrm{d}x\,\mathrm{d}y=\iint_D\sqrt{2}\,\mathrm{d}x\,\mathrm{d}y=\sqrt{2}\,\pi$$

例 2　求位于两圆 $\rho=2\sin\theta$ 和 $\rho=4\sin\theta$ 之间的均匀薄片的质心.

分析: 对于均匀物体的质心可通过对称性预先判断中间的某些分量的值,再通过质心的计算公式对剩余分量加以计算.

解: 因为闭区域 D 对称于 y 轴,所以质心 $C(\bar{x},\bar{y})$ 必位于 y 轴上,于是 $\bar{x}=0$.

$$\iint_D y\,\mathrm{d}\sigma=\iint_D\rho^2\sin\theta\,\mathrm{d}\rho\,\mathrm{d}\theta=\int_0^{\pi}\sin\theta\,\mathrm{d}\theta\int_{2\sin\theta}^{4\sin\theta}\rho^2\,\mathrm{d}\rho=7\pi\ ,$$

又有

$$\iint_D\mathrm{d}\sigma=\pi\cdot 2^2-\pi\cdot 1^2=3\pi\ ,$$

所以

$$\bar{y}=\frac{\iint_D y\,\mathrm{d}\sigma}{\iint_D\mathrm{d}\sigma}=\frac{7\pi}{3\pi}=\frac{7}{3},\text{所求质心是 }C\left(0,\ \frac{7}{3}\right).$$

例 3　求曲面 $z=x^2+2y^2$ 与 $z=6-2x^2-y^2$ 所围立体对 z 轴的转动惯量,物体体密度 $\rho=1$.

解: 由 $\begin{cases}z=x^2+2y^2\\ z=6-2x^2-y^2\end{cases}$ 消 z,得 $x^2+y^2=2$,故立体在 xoy 坐标面上的投影区域

$D_1: x^2+y^2\leqslant 2$ 对 z 轴的转动惯量

$$I_z=\iiint\limits_{\Omega}(x^2+y^2)\mathrm{d}V$$

即

$$I_z=\iint\limits_{D_1}(x^2+y^2)\mathrm{d}x\,\mathrm{d}y\int_{x^2+2y^2}^{6-2x^2-y^2}\mathrm{d}z=3\iint\limits_{D_1}(x^2+y^2)(2-x^2-y^2)\mathrm{d}x\,\mathrm{d}y$$

$$=3\int_0^{2\pi}\mathrm{d}\theta\int_0^{\sqrt{2}}r(2-r^2)r\,\mathrm{d}r=4\pi.$$

A 类题

1. 求锥面 $z=\sqrt{x^2+y^2}$ 被柱面 $z^2=2x$ 所割下部分的面积.

2. 设半径为 r 的球，其球心在半径为 a（a 为常数）的定球面上，问 r 为何值时前者夹在定球内部的表面积为最大.

3. 求旋转抛物面 $z=x^2+y^2$ 含在圆柱面 $x^2+y^2=2$ 内的那部分曲面 S 的面积.

4. 设均匀薄片占据区域 $D=\{(x,y)\mid\frac{x^2}{a^2}+\frac{y^2}{b^2}\leqslant 1, y\geqslant 0\}$,求质心.

B类题

1. 已知球体的半径为 R,在球体上任一点的体密度等于该点到球面上一定点的距离的平方,求球体的质心.

2. 设密度均匀的平面薄片占据区域 D,D 由 $y=\sqrt{2px}$、$y=0$、$x=X$ 所围成,当 X 连续变化时其质心绘出一条曲线,求曲线方程.

3. 求均匀物体:$x^2+y^2+z^2\leqslant 2$, $x^2+y^2\geqslant z^2$ 关于 oz 轴的转动惯量(设密度为 $\rho=1$).

4. 设球体 $x^2+y^2+z^2\leqslant R^2$ 上各点的密度与该点到球心的距离成正比，分别求其对原点、对 z 轴的转动惯量.

5. 设有密度为 ρ 的均匀球顶锥体，球心在原点，球半径为 R，锥顶角为 $\frac{\pi}{3}$，锥顶点在原点，求该球顶锥体对锥顶点处质量为 m 的质点的引力(引力系数为 k).

6. 利用质心坐标计算 $\iint\limits_D (5x+3y)\mathrm{d}x\,\mathrm{d}y$，其中 D 由曲线 $x^2+y^2+2x-4y-4=0$ 围成.

第十二章　无穷级数

第一节　常数项级数的概念和性质

本节要求读者理解常数项级数收敛的定义,收敛级数的基本性质,特别是级数收敛的必要条件.

1. 常数项级数收敛的定义;

2. 级数收敛的必要条件.

例 1　设 $a_n=\int_0^{\frac{\pi}{4}}\tan^n x\,\mathrm{d}x$,则 $\sum\limits_{n=1}^{\infty}\frac{1}{n}(a_n+a_{n+2})=$________________.

分析:先利用定积分运算性质求出(a_n+a_{n+2}),然后求出该级数的部分和数列 ,最后求部分和数列的极限得到该级数的和.

解:$a_n+a_{n+2}=\int_0^{\frac{\pi}{4}}(\tan^n x+\tan^{n+2}x)\mathrm{d}x=\int_0^{\frac{\pi}{4}}\tan^n x(1+\tan^2 x)\mathrm{d}x=\int_0^{\frac{\pi}{4}}\tan^n x\,\mathrm{d}\tan x$

$$=\frac{1}{n+1}$$

则
$$\sum_{n=1}^{\infty}\frac{1}{n}(a_n+a_{n+2})=\sum_{n=1}^{\infty}\frac{1}{n(n+1)}=1.$$

例 2　判别下列级数的敛散性:

(1) $\sum\limits_{n=1}^{\infty}n\sin\frac{2}{n}$;　　　　(2) $\sum\limits_{n=1}^{\infty}\frac{1}{(2n-1)(2n+1)}$.

分析:判断级数收敛,首先要判断一般项是否趋于零.如果不趋于零,则由级数收敛的必要条件,直接判别出级数发散;如果趋于零,可以考虑求出级数的部分数列,通过判断部分和数列是否收敛,得到级数的敛散性.

解：(1) $\lim\limits_{n\to\infty}u_n=\lim\limits_{n\to\infty}n\sin\frac{2}{n}=\lim\limits_{n\to\infty}2\frac{\sin\frac{2}{n}}{\frac{2}{n}}=2\neq0$；

(2) 由于$\frac{1}{(2n-1)(2n+1)}=\frac{1}{2}(\frac{1}{2n-1}-\frac{1}{2n+1})$，$\lim\limits_{n\to\infty}S_n=\frac{1}{2}(1-\frac{1}{2n+1})=\frac{1}{2}$，

即 $\sum\limits_{n=1}^{\infty}\frac{1}{(2n-1)(2n+1)}$ 收敛于$\frac{1}{2}$.

例 3　已知级数$\sum\limits_{n=1}^{\infty}u_n$的部分和$S_n=\frac{2n}{n+1}(n=1,2,3,\cdots)$，试求此级数的一般项$u_n$，并判断此级数的收敛性.

分析：通过级数收敛的定义，即部分和数列的极限是否存在判断级数的敛散性.

解：$u_n=S_n-S_{n-1}=\frac{2}{n(n+1)}$，由于$\lim\limits_{n\to\infty}S_n=2$，所以级数收敛.

例 4　求 $\sum\limits_{n=1}^{\infty}\frac{2n+1}{n^2(n+1)^2}$ 级数的和.

分析：通过对级数的前 n 项分拆求和，得其部分数列，进而求出级数的和.

解：$S_n=\sum\limits_{k=1}^{n}\frac{2k+1}{k^2(k+1)^2}=\sum\limits_{k=1}^{n}\left(\frac{1}{k^2}-\frac{1}{(k+1)^2}\right)=1-\frac{1}{(n+1)^2}$

所以 $\sum\limits_{n=1}^{\infty}\frac{2n+1}{n^2(n+1)^2}=\lim\limits_{n\to\infty}S_n=1$.

A 类题

1. 根据级数收敛的定义求下列级数的和：

(1) $\sum\limits_{n=1}^{\infty}\frac{3^n+2^n}{5^n}$；

(2) $\sum\limits_{n=1}^{\infty}\frac{1}{(3n-2)(3n+1)}$.

2. 判别下列级数的收敛性：

(1) $\frac{1}{3}+\frac{1}{\sqrt{3}}+\frac{1}{\sqrt[3]{3}}+\cdots+\frac{1}{\sqrt[n]{3}}+\cdots$；

(2) $\frac{1}{2}+\frac{1}{10}+\frac{1}{2^2}+\frac{1}{20}+\frac{1}{2^3}+\frac{1}{30}+\cdots$;

(3) $\sum_{n=1}^{\infty} n\sin\frac{2}{n}$;

(4) $\frac{\ln 2}{2}+\frac{\ln^2 2}{2^2}+\frac{\ln^3 2}{2^3}+\cdots+\frac{\ln^n 2}{n^n}+\cdots$.

B 类题

1. 已知级数 $\sum_{n=1}^{\infty} u_n$ 收敛,且 $u_n>0$,$v_n=u_{2n-1}(n=1,2,3,\cdots)$,证明:$\sum_{n=1}^{\infty} v_n$ 收敛.

2. 求下列级数的和：

(1) $\sum_{n=1}^{\infty}\frac{2n+1}{n^2(n+1)^2}$；

(2) $\sum_{n=1}^{\infty}(\sqrt{n+2}-2\sqrt{n+1}+\sqrt{n})$.

第二节　常数项级数的审敛法

本节要求读者熟练掌握和使用正项级数收敛性的判别法以及判断交错级数收敛的莱布尼茨定理.理解绝对收敛和条件收敛的定义.

1. 正项级数的比较审敛法及其极限形式；
2. 正项级数的比值审敛法；
3. 正项级数的根值审敛法；
4. 交错级数的莱布尼茨定理；
5. 利用正项级数判断一般级数绝对收敛.

例 1　判别下列级数是否收敛：

(1) $\sum_{n=1}^{\infty}\frac{3^n}{n2^n}$；　　(2) $\sum_{n=1}^{\infty}\frac{n^n}{n!}$.

分析：利用正项级数的比较判别法判别级数收敛，就是找一个已知敛散性的级数(通常为 p 级数)与之比较，通过其敛散性判断所求级数是否收敛. 利用比值判别法判别级数收敛就是通过级数一般项的前项与后项之比的极限是否小于 1，判断级数是否收敛.

解:

(1) **解法 1:** 由于$\frac{3^n}{n2^n}>\frac{1}{n}(n=1,2,\cdots)$,而 $\sum\limits_{n=1}^{\infty}\frac{1}{n}$ 发散,由比较判别法可知级数 $\sum\limits_{n=1}^{\infty}\frac{3^n}{n2^n}$ 发散.

解法 2: 用比值判别法 $\lim\limits_{n\to\infty}\frac{u_{n+1}}{u_n}=\lim\limits_{n\to\infty}\frac{\frac{3^{n+1}}{(n+1)2^{n+1}}}{\frac{3^n}{n2^n}}=\lim\limits_{n\to\infty}\frac{3}{2}\frac{n}{(n+1)}=\frac{3}{2}>1$,故级数 $\sum\limits_{n=1}^{\infty}\frac{3^n}{n2^n}$ 发散.

(2) 用比值判别法 $\lim\limits_{n\to\infty}\frac{u_{n+1}}{u_n}=\lim\limits_{n\to\infty}\frac{\frac{(n+1)^{n+1}}{(n+1)!}}{\frac{n^n}{n!}}=\lim\limits_{n\to\infty}\left(1+\frac{1}{n}\right)^n=\mathrm{e}>1$,故 $\sum\limits_{n=1}^{\infty}\frac{n^n}{n!}$ 发散.

例 2 级数 $\sum\limits_{n=1}^{\infty}(-1)^n\frac{c+n}{n^2}$ 是收敛还是发散?若收敛,是绝对收敛还是条件收敛?

分析: 将级数分拆成两个级数,通过莱布尼兹定理判别交错级数的敛散性.通过正项级数比较审敛法可判别 $\sum\limits_{n=1}^{\infty}\left|(-1)^n\frac{c+n}{n^2}\right|$ 发散.

解: 由莱布尼兹判别法可知 $\sum\limits_{n=1}^{\infty}(-1)^n\frac{c}{n^2}$ 与 $\sum\limits_{n=1}^{\infty}(-1)^n\frac{1}{n}$ 均收敛,从而原级数收敛.另一方面,$\left|(-1)^n\frac{c+n}{n^2}\right|=\frac{c+n}{n^2}\geqslant\frac{n}{n^2}=\frac{1}{n}$,而 $\sum\limits_{n=1}^{\infty}\frac{1}{n}$ 发散,故由比较判别法可知 $\sum\limits_{n=1}^{\infty}\left|(-1)^n\frac{c+n}{n^2}\right|$ 发散,从而原级数是条件收敛.

例 3 $u_{n+1}=(-1)^n\ln(1+\frac{1}{\sqrt{n+1}})$,则下列选项正确的是(　　).

A. $\sum\limits_{n=1}^{\infty}u_n\sum\limits_{n=1}^{\infty}u_n^2$ 均收敛　　B. $\sum\limits_{n=1}^{\infty}u_n\sum\limits_{n=1}^{\infty}u_n^2$ 均发散

C. $\sum\limits_{n=1}^{\infty}u_n$ 收敛 $\sum\limits_{n=1}^{\infty}u_n^2$ 发散　　D. $\sum\limits_{n=1}^{\infty}u_n$ 发散 $\sum\limits_{n=1}^{\infty}u_n^2$ 收敛

分析: 通过莱布尼兹定理判别交错级数 $\sum\limits_{n=1}^{\infty}u_n$ 的敛散性,通过正项级数比较审敛法判别法判别级数 $\sum\limits_{n=1}^{\infty}u_n^2$ 发散.

解: ∵ $\lim\limits_{n\to\infty}|u_n|=0$,且由 $\ln(1+x)$ 单调性知 $u_{n+1}=\ln(1+\frac{1}{\sqrt{n+1}})<\ln(1+\frac{1}{\sqrt{n}})=u_n$

由交错级数审敛法知 $\sum_{n=1}^{\infty} u_n$ 收敛.

由 $\lim_{n\to\infty} \dfrac{\left[\ln\left(1+\dfrac{1}{\sqrt{n}}\right)\right]^2}{\dfrac{1}{n}}=1$ 知 $\sum_{n=1}^{\infty} u_n^2$ 发散.

例 4　设 $a_n>0(n=1,2,3,\cdots)$，$\sum_{n=1}^{\infty} a_n$ 收敛，$\lambda\in\left(0,\dfrac{\pi}{2}\right)$，判断级数 $\sum_{n=1}^{\infty}(-1)^n\left(n\tan\dfrac{\lambda}{n}\right)a_{2n}$ 的收敛性.

分析：利用 $\sum_{n=1}^{\infty} a_{2n}$ 收敛，使用比值判别法判别 $\sum_{n=1}^{\infty}(-1)^n\left(n\tan\dfrac{\lambda}{n}\right)a_{2n}$ 绝对收敛.

解：记 $\sum_{n=1}^{\infty}(-1)^n\left(n\tan\dfrac{\lambda}{n}\right)a_{2n}=\sum_{n=1}^{\infty} u_n$　$\because$ $a_n>0$ 且 $\sum_{n=1}^{\infty} a_n$ 收敛　$\therefore$ $\sum_{n=1}^{\infty} a_{2n}$ 收敛.

又 $\because$ $\lim_{n\to\infty}\dfrac{|u_n|}{a_{2n}}=\lim_{n\to\infty} n\tan\dfrac{\lambda}{n}=\lambda\lim_{n\to\infty}\dfrac{\tan\dfrac{\lambda}{n}}{\dfrac{\lambda}{n}}=\lambda$，$\therefore$ $\sum_{n=1}^{\infty}|u_n|$ 与 $\sum_{n=1}^{\infty} a_{2n}$ 敛散性相同，故原级数绝对收敛.

A 类题

1. 用比较审敛法或比较审敛法的极限形式判别下列级数的敛散性：

(1) $\sum_{n=1}^{\infty}\dfrac{1}{2n-1}$；

(2) $\sum_{n=1}^{\infty}\dfrac{\cos^2\dfrac{n\pi}{3}}{(n+1)^3}$；

(3) $\sum_{n=1}^{\infty}\dfrac{1}{(n+1)(n+4)}$；

(4) $\sum_{n=1}^{\infty}\dfrac{1}{n}\tan\dfrac{1}{n}$；

(5) $\sum\limits_{n=1}^{\infty} \dfrac{n^{n+1}}{(n+1)^{n+2}}$.

2.用比值审敛法判别下列级数的敛散性：

(1) $\sum\limits_{n=1}^{\infty} \dfrac{n!}{10^n}$；

(2) $\sum\limits_{n=1}^{\infty} \dfrac{n+2}{2^n}$；

(3) $\sum\limits_{n=1}^{\infty} \dfrac{2 \cdot 5 \cdots (3n-1)}{1 \cdot 5 \cdots (4n-3)}$；

(4) $\sum\limits_{n=1}^{\infty} \dfrac{(2n)^n}{n!\ 7^n}$；

(5) $\sum\limits_{n=1}^{\infty} \dfrac{a^n n!}{n^n}(a > 0)$.

3. 用根值审敛法判别下列级数的敛散性：

(1) $\sum\limits_{n=1}^{\infty}\left[\sqrt{\dfrac{3n-1}{4n+1}}\right]^{n}$；　　(2) $\sum\limits_{n=1}^{\infty}\dfrac{n^{2}}{(1+\frac{1}{n})^{n^{2}}}$；

(3) $\sum\limits_{n=1}^{\infty}\left(\dfrac{n}{3n-1}\right)^{2n-1}$.

(4) $\sum\limits_{n=1}^{\infty}(\dfrac{b}{a_{n}})^{n}$，其中 $a_{n}\to a(n\to\infty)$，a、b、a_{n} 均为正数，且 $a\neq b$.

4. 判断下列级数的敛散性；如果收敛，指出是绝对收敛还是条件收敛.

(1) $\sum\limits_{n=1}^{\infty}\dfrac{(-1)^{n-1}}{(2n-1)^{2}}$；

(2) $\sum\limits_{n=1}^{\infty}\dfrac{(-1)^{n-1}}{2n-1}$

(3) $\sum\limits_{n=1}^{\infty}\dfrac{(-1)^{n-1}n}{3^{n-1}}$.

B类题

1. 设正项级数 $\sum\limits_{n=1}^{\infty} u_n$ 收敛,证明:$\sum\limits_{n=1}^{\infty} \dfrac{u_n}{1+u_n}$ 收敛.

2. 已知 $\sum\limits_{n=1}^{\infty} a_n$ 及 $\sum\limits_{n=1}^{\infty} {}_n$ 都收敛,且 $a_n \leqslant b_n \leqslant c_n (n=1,2,3,\cdots)$,证明:$\sum\limits_{n=1}^{\infty} b_n$ 收敛.

3. 用适当的方法判别下列级数的敛散性:

(1) $\sum\limits_{n=1}^{\infty} (1-\cos\dfrac{a}{n})$($a$ 为常数);

(2) $\sum\limits_{n=1}^{\infty} \sqrt{\dfrac{n+1}{n}}$;

(3) $\sum\limits_{n=1}^{\infty} \dfrac{n^4}{n!}$;

(4) $\sum\limits_{n=1}^{\infty} \dfrac{1\cdot 3\cdot 5\cdots(2n-1)}{2\cdot 5\cdot 8\cdots(3n-1)}$.

(5) $\sum\limits_{n=1}^{\infty} \int_0^{\frac{1}{n}} \dfrac{\sqrt{x}}{1+x^2}\mathrm{d}x$;

(6) $\sum\limits_{n=1}^{\infty} (\dfrac{a\cdot n}{1+n})^n (a>0)$.

4. 证明：若正项级数 $\sum_{n=1}^{\infty} a_n$ 收敛，则级数 $\sum_{n=1}^{\infty} a_n^2$ 也收敛；若 $\sum_{n=1}^{\infty} a_n$ 不是正项级数，上述命题是否成立？为什么？

5. 设 $u_n \neq 0(n-1,2,\cdots$，且 $\lim_{n\to\infty} u_n = l \neq 0$，证明：级数 $\sum_{n=1}^{\infty} |u_{n+1}-u_n|$ 与级数 $\sum_{n=1}^{\infty} \left|\frac{1}{u_{n+1}}-\frac{1}{u_n}\right|$ 有相同的敛散性 .

6. 设 $\sum_{n=1}^{\infty} u_n$ 和 $\sum_{n=1}^{\infty} v_n$ 均为正项级数，且当 $n>N$ 时，有 $\frac{u_{n+1}}{u_n} \geqslant \frac{v_{n+1}}{v_n}$ 成立. 证明：

(1) 若级数 $\sum_{n=1}^{\infty} u_n$ 收敛，则级数 $\sum_{n=1}^{\infty} v_n$ 也收敛；

(2) 若级数 $\sum_{n=1}^{\infty} v_n$ 发散，则级数 $\sum_{n=1}^{\infty} u_n$ 也发散.

第三节　幂级数

本节要求读者掌握利用阿贝尔定理求幂级数收敛半径的方法,熟练应用幂级数的运算性质求幂级数的和函数.

1. 利用阿贝尔定理求幂级数的收敛区间;

2. 利用幂级数逐项积分和逐项求导公式求幂级数的和函数;

3. 幂级数在收敛域上具有连续性.

例 1　设 $I_n=\int_0^{\frac{\pi}{4}}\sin^n x\cos x\,\mathrm{d}x$, $n=0,1,2,\cdots$,则 $\sum\limits_{n=0}^{\infty}I_n=$____________.

分析:首先利用定积分分部积分公式求出 I_n,其次将求数项级数的和转化为求幂级数的和函数,最后利用幂级数逐项求导和逐项求积分的性质求出幂级数的和函数,从而得到所求数项级数的和.

解:$I_n=\int_0^{\frac{\pi}{4}}\sin^n x\cos x\,\mathrm{d}x=\int_0^{\frac{\pi}{4}}\sin^n x\,\mathrm{d}\sin x=\frac{1}{n+1}\cdot\left(\frac{\sqrt{2}}{2}\right)^{n+1}$,

令 $S(x)=\sum\limits_{n=0}^{\infty}\frac{x^{n+1}}{n+1}=\sum\limits_{n=0}^{\infty}\int_0^x x^n\,\mathrm{d}x=\int_0^x(\sum\limits_{n=0}^{\infty}x^n)\mathrm{d}x=\int_0^x\frac{1}{1-x}dx=-\ln|1-x|$, $|x|<1$

当 $x=\frac{\sqrt{2}}{2}$ 时, $\sum\limits_{n=0}^{\infty}I_n=-\ln\left|1-\frac{\sqrt{2}}{2}\right|$,所以应填 $-\ln\left|1-\frac{\sqrt{2}}{2}\right|$.

例 2　设幂级数 $\sum\limits_{n=1}^{\infty}a_n(x+1)^n$ 在 $x=3$ 处条件收敛,则该幂级数的收敛半径 $R=$____________.

分析:由阿贝尔定理可知,如果幂级数在开区间上收敛,那一定是绝对收敛,因此幂级数在 $x=3$ 处条件收敛,那该点一定是该幂级数的收敛区间和发散区间的分界点.

解:由于 $\sum\limits_{n=1}^{\infty}a_n(x+1)^n$ 在 $x=3$ 处条件收敛,所以 $\sum\limits_{n=1}^{\infty}a_n4^n$ 收敛,且 $\sum\limits_{n=1}^{\infty}|a_n4^n|$ 发散,由阿贝尔定理可知收敛半径为 $R=4$.

例 3　求下列幂级数的和函数:

(1) $\sum\limits_{n=1}^{\infty}(2n-1)x^n$;　　(2) $\sum\limits_{n=0}^{\infty}\frac{(2n+1)x^{2n}}{n!}$.

分析：首先求出幂级数的收敛域，然后利用幂级数逐项求导和逐项求积分的性质，将所求幂级数转化为已知和函数的幂级数.

解：(1) $\rho=\lim\limits_{n\to\infty}\left|\dfrac{a_{n+1}}{a_n}\right|=\lim\limits_{n\to\infty}\dfrac{2n+1}{2n-1}=1\Rightarrow R=\dfrac{1}{\rho}=1$

当 $x=\pm1$ 时，原级数$=\sum\limits_{n=1}^{\infty}(2n-1)(\pm1)^n$ 发散，故收敛域为$(-1,1)$.

$$
\begin{aligned}
\sum_{n=1}^{\infty}(2n-1)x^n&=\sum_{n=1}^{\infty}(2n+2)x^n-3\sum_{n=1}^{\infty}x^n\\
&=2\left[\sum_{n=1}^{\infty}(n+1)\int_0^x x^n\mathrm{d}x\right]'-3\frac{x}{1-x}\\
&=2[\sum_{n=1}^{\infty}x^{n+1}]'-\frac{3x}{1-x}=\left(\frac{2x^2}{1-x}\right)'-\frac{3x}{1-x}\\
&=\frac{4x(1-x)+2x^2}{(1-x)^2}-\frac{3x}{1-x}\\
&=\frac{4x-2x^2}{(1-x)^2}-\frac{3x(1-x)}{(1-x)^2}\\
&=\frac{x+x^2}{(1-x)^2}.
\end{aligned}
$$

(2) 记 $f(x)=\sum\limits_{n=0}^{\infty}\dfrac{(2n+1)x^{2n}}{n!}\quad x\in R$

$$\int_0^x f(t)\mathrm{d}t=\sum_{n=0}^{\infty}\frac{x^{2n+1}}{n!}=x\sum_{n=0}^{\infty}\frac{x^{2n}}{n!}=x\mathrm{e}^{x^2}，故\ f(x)=\mathrm{e}^{x^2}+2x^2\mathrm{e}^{x^2}$$

例 4 求级数 $\sum\limits_{n=0}^{\infty}(-1)^n\dfrac{1}{2^n}(n^2-n+1)$ 的和.

分析：将所求数项级数分拆为 $\sum\limits_{n=0}^{\infty}(-1)^n\dfrac{1}{2^n}n(n-1)$ 和 $\sum\limits_{n=0}^{\infty}(-\dfrac{1}{2})^n$. 为求 $\sum\limits_{n=0}^{\infty}(-1)^n\dfrac{1}{2^n}n(n-1)$ 的和可将其转化为求 $\sum\limits_{n=0}^{\infty}(-1)^n n(n-1)x^{n-2}$ 的和函数在 $x=\dfrac{1}{2}$ 的值.

解：$A=\sum\limits_{n=0}^{\infty}(-1)^n\dfrac{1}{2^n}(n^2-n+1)=\sum\limits_{n=0}^{\infty}(-1)^n\dfrac{1}{2^n}n(n-1)+\sum\limits_{n=0}^{\infty}\left(-\dfrac{1}{2}\right)^n$.

由于第二个级数是等比级数，于是有

$$\sum_{n=0}^{\infty}(-\frac{1}{2})^n=\frac{1}{1-(-\frac{1}{2})}=\frac{2}{3}.$$

为求第一个级数，考察级数 $S(x)=\sum\limits_{n=0}^{\infty}(-1)^n n(n-1)x^{n-2}$，由于

$$S(x)=\sum_{n=0}^{\infty}(-1)^n n(n-1)x^{n-2}=\left[\sum_{n=0}^{\infty}(-1)^n x^n\right]''$$

$$=\left(\frac{1}{1+x}\right)''=\frac{2}{(1+x)^3},\ x\in(-1,1)\text{，可得}$$

$$\sum_{n=0}^{\infty}(-1)^n\frac{1}{2^n}n(n-1)=\frac{1}{2^2}S\left(\frac{1}{2}\right)=\frac{1}{4}\frac{2}{\left(1+\frac{1}{2}\right)^3}=\frac{4}{27}.$$

因此原级数的和 $A=\frac{4}{27}+\frac{2}{3}=\frac{22}{27}$.

A类题

1. 确定下列幂级数的收敛域：

(1) $\sum_{n=1}^{\infty}n^3x^n$；

(2) $\sum_{n=1}^{\infty}\left(1+\frac{1}{2}+\cdots+\frac{1}{n}\right)x^n$；

(3) $\sum_{n=1}^{\infty}\frac{(-1)^n}{n4^n}x^{2n-1}$；

(4) $\sum_{n=1}^{\infty}\frac{1}{\sqrt{n}}(x-2)^n$；

(5) $\sum_{n=1}^{\infty}\frac{x^n}{n^p}$（$p$ 为常数）.

2. 利用逐项求导或逐项积分,求下列级数在收敛区间内的和函数:

(1) $\sum_{n=1}^{\infty} nx^{n-1}(|x|<1)$;

(2) $\sum_{n=1}^{\infty}(-1)^{n-1}\frac{2^{2n-1}}{2n-1}x^{2n-1}(|x|\leqslant\frac{1}{2})$;

(3) $\sum_{n=1}^{\infty}\frac{2n-1}{2^n}x^{2(n-1)}(|x|\leqslant\sqrt{2})$,并求$\sum_{n=1}^{\infty}\frac{2n-1}{2^n}$;

(4) $\sum_{n=1}^{\infty} n(n+2)x^n(|x|<1)$;

(5) $\sum_{n=1}^{\infty}\frac{n^2+1}{n}x^{2n}(|x|<1)$, 并求$\sum_{n=1}^{\infty}\frac{n^2+1}{n2^n}$的和.

3. 证明：$\sum_{n=1}^{\infty}\frac{1}{n2^n}=\ln 2$.

第四节　函数展开成幂级数

本节要求读者理解和记忆指数函数、正弦函数、余弦函数、幂函数和对数函数的幂级数展开式，并掌握利用泰勒级数直接或间接地将函数展开成幂级数的方法.

1. 函数能展开成泰勒级数的充要条件；
2. 指数函数、正弦函数、余弦函数、幂函数和对数函数的麦克劳林展开式；
3. 利用泰勒级数直接或间接地将函数展开成幂级数.

例 1　利用函数的幂级数展开式，求下列函数的高阶导数：

(1) $y=\frac{x}{1+x^2}$在 $x=0$ 的七阶导数；

(2) $y=x^6\mathrm{e}^x$在 $x=0$ 的十阶导数.

分析：利用泰勒级数，对函数按直接展开法和间接展开法两种方式进行展开，比较相同项的系数，得到函数的高阶导数在零点的值.

解：(1) $f(x)=\frac{x}{1+x^2}=x[1+(-x^2)+(-x^2)^2+(-x^2)^3+(-x^2)^4+\cdots]$

$=x-x^3+x^5-x^7+x^9-\cdots$

又由函数的麦克劳林级数

$$f(x)=f(0)+f'(0)x+\frac{f'(0)}{2!}x^2+\cdots+\frac{f^{(7)}(0)}{7!}x^7+\cdots$$

可知 $f^{(7)}(0)=-7!$.

(2) $f(x)=x^6\mathrm{e}^x=x^6\left(1+x+\frac{x^2}{2!}+\frac{x^3}{3!}+\frac{x^4}{4!}+\cdots\right)$，

又由函数的麦克劳林级数

$$f(x)=f(0)+f'(0)x+\frac{f'(0)}{2!}x^2+\cdots+\frac{f^{(10)}(0)}{10!}x^{10}+\cdots$$

可知 $f^{(10)}(0)=\frac{10!}{4!}=10\cdot 9\cdot 8\cdot 7\cdot 6\cdot 5$

例 2　将函数 $f(x)=\frac{1}{4}\ln\left(\frac{1+x}{1-x}\right)+\frac{1}{2}\arctan x-x$ 展开成 x 的幂级数.

分析：利用幂级数的逐项求导和逐项求积分的性质，求出函数的幂级数.

解：$f(x)=\frac{1}{4}\ln(1+x)-\frac{1}{4}\ln(1-x)+\frac{1}{2}\arctan x-x$，则有

$$\begin{aligned}f'(x)&=\frac{1}{4}\frac{1}{1+x}+\frac{1}{4}\frac{1}{1-x}+\frac{1}{2}\frac{1}{1+x^2}-1\\&=\frac{1}{2}\frac{1}{1-x^2}+\frac{1}{2}\frac{1}{1+x^2}-1=\frac{1}{1-x^4}-1\\&=\sum_{n=0}^{\infty}x^{4n}-1=\sum_{n=1}^{\infty}x^{4n}(|x|<1)\end{aligned}$$

积分得 $f(x)=f(0)+\int_0^x f'(x)\mathrm{d}x=\sum_{n=1}^{\infty}\int_0^x t^{4n}\mathrm{d}t=\sum_{n=1}^{\infty}\frac{x^{4n+1}}{4n+1}(|x|<1)$.

例 3　设 $f(x)=\begin{cases}\frac{1+x^2}{x}\arctan x, & x\neq 0\\ 1, & x=0\end{cases}$ 试将 $f(x)$ 展开成 x 的幂级数，并求级数 $\sum_{n=1}^{\infty}\frac{(-1)^n}{1-4n^2}$ 的和.

分析：利用幂级数的逐项求导和逐项求积分的性质，求出函数的幂级数.

解：$\because (\arctan x)'=\frac{1}{1+x^2}=\sum_{n=0}^{\infty}(-1)^n x^{2n}$，$|x|<1$，

$\therefore \arctan x=\int_0^x(\arctan t)'\mathrm{d}t=\sum_{n=0}^{\infty}(-1)^n\int_0^x t^{2n}\mathrm{d}t=\sum_{n=0}^{\infty}\frac{(-1)^n}{2n+1}x^{2n+1}\ x\in[-1,1]$.

于是当 $x\in[-1,1]$ 且 $x\neq 0$ 时

$$\begin{aligned}\frac{1+x^2}{x}\arctan x&=(1+x^2)\sum_{n=0}^{\infty}\frac{(-1)^n}{2n+1}x^{2n}\\&=\sum_{n=0}^{\infty}\frac{(-1)^n}{2n+1}x^{2n}+\sum_{n=0}^{\infty}\frac{(-1)^n x^{2n+2}}{2n+1}\\&=\sum_{n=0}^{\infty}\frac{(-1)^n}{2n+1}x^{2n}+\sum_{n=1}^{\infty}\frac{(-1)^{n-1}}{2n-1}x^{2n}\\&=1+\sum_{n=1}^{\infty}(-1)^n\left[\frac{1}{2n+1}-\frac{1}{2n-1}\right]x^{2n}\end{aligned}$$

$$=1+\sum_{n=1}^{\infty}\frac{(-1)^n 2}{1-4n^2}x^{2n}, x\in[-1,1], x\neq 0.$$

当 $x=0$ 时上式取值为 1,于是

$$f(x)=1+\sum_{n=1}^{\infty}\frac{(-1)^n 2}{1-4n^2}x^{2n}, x\in[-1,1].$$

令 $x=1$,得 $f(1)=1+\sum_{n=1}^{\infty}\frac{(-1)^n 2}{1-4n^2}$,

从而有 $\sum_{n=1}^{\infty}\frac{(-1)^n}{1-4n^2}=\frac{1}{2}[f(1)-1]=\frac{1}{2}[2\times\frac{\pi}{4}-1]=\frac{\pi}{4}-\frac{1}{2}$.

A 类题

1. 将下列函数展开成 x 的幂级数,并指出展开式成立的区间:

(1) e^{-x^2};

(2) $\frac{x^6}{1-x^2}$;

(3) $(1+x)\ln(1+x)$;

(4) $\frac{x}{\sqrt{1+x^2}}$;

(5) $\ln(1+x-2x^2)$;

(6) $\frac{x}{1+x-2x^2}$;

(7) $x\arctan x-\ln\sqrt{1+x^2}$;

(8) $\int_0^x \frac{\sin t}{t}dt$.

2. 将函数 $y=\frac{1}{x}$ 展开成 $x-1$ 的幂级数，并指明展开式成立的区间.

3. 将函数 $y=(x+1)\mathrm{e}^{-x}$ 展开成 $x-1$ 的幂级数，并指明展开式成立的区间.

3. 将函数 $f(x)=\cos x$ 展开成$(x+\frac{\pi}{3})$的幂级数，并指明展开式成立的区间.

B 类题

1. 将函数 $f(x)=\frac{1}{x^2+5x+4}$ 展开成$(x+2)$的幂级数，并指明展开式的区间.

2. 求下列幂级数的和函数.

(1) $\sum_{n=1}^{\infty}(-1)^{n+1}\frac{2n}{(2n-1)!}x^{2n-1}$；

(2) $\sum\limits_{n=1}^{\infty}(n+1)^2x^n$；

(3) $\sum\limits_{n=1}^{\infty}\dfrac{x^{n+2}}{n(n+2)}$.

3. 求下列级数的和.

(1) $\sum\limits_{n=1}^{\infty}\dfrac{(-1)^n n}{(2n+1)!}$；

(2) $\sum\limits_{n=1}^{\infty}\dfrac{1}{n(2n+1)}$；

(3) $\sum\limits_{n=1}^{\infty}\dfrac{n^2}{n!}$.

4. 展开$\frac{d}{dx}\left(\frac{e^x-1}{x}\right)$为 x 的幂级数，并证明 $\sum\limits_{n=1}^{\infty}\frac{n}{(n+1)!}=1$.

第五节　傅里叶级数

本节要求读者理解周期 2π 的函数 $f(x)$ 能展开成傅里叶级数的狄利克雷充分条件，掌握其级数中傅里叶系数的计算方法.

1. 狄利克雷充分条件；
2. 周期 2π 的函数与傅里叶展开式之间的关系；
3. 函数的傅里叶展开式中系数的计算；
4. 奇函数的正弦级数表示和偶函数的余弦级数表示.

例 1　周期为 2π 的函数 $f(x)$，它在一个周期的表达式为：

$$f(x)=\begin{cases}x+1, & -\pi\leqslant x<0,\\ x^2, & 0\leqslant x<\pi,\end{cases}$$

设它的傅里叶级数的和函数为 $S(x)$，则 $S(-\pi)=$ ______；$S(0)=$ ______；$S(\pi)=$ ______.

分析：利用狄利克雷充分条件：在 $f(x)$ 的连续点处，$f(x)$ 的傅里叶级数的和函数等于 $f(x)$；在 $f(x)$ 的间断点处，$f(x)$ 的傅里叶级数的和函数等于$\frac{f(x^-)+f(x^+)}{2}$.

解：由傅里叶级数的收敛定理即知.

(1) $S(-\pi)=\frac{f(-\pi^-)+f(-\pi^+)}{2}=\frac{1-\pi+\pi^2}{2}$

(2) $S(0)=\frac{f(0^-)+f(0^+)}{2}=\frac{1+0}{2}=\frac{1}{2}$

(3) $S(\pi)=S(-\pi)=\frac{1-\pi+\pi^2}{2}$

例 2 在指定区间内把下列函数展开为傅里叶级数：

$f(x)=x$，(1) $-\pi<x<\pi$； (2) $0<x<2\pi$.

分析：将函数进行延拓成周期为 2π 的周期函数，求出周期函数的傅里叶级数，最后限定在对应区间.

解：(1) 将 $f(x)=x$，$-\pi<x<\pi$ 作周期延拓的图像如下：

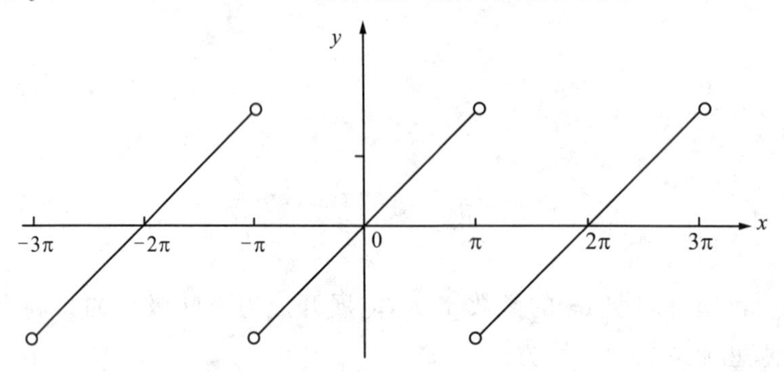

由傅里叶系数公式得

$$a_0=\frac{1}{\pi}\int_{-\pi}^{\pi}f(x)\mathrm{d}x=\frac{1}{\pi}\int_{-\pi}^{\pi}x\,\mathrm{d}x=0$$

当 $n\geqslant 1$ 时，

$$a_n=\frac{1}{\pi}\int_{-\pi}^{\pi}x\cos nx\,\mathrm{d}x=\frac{1}{n\pi}\int_{-\pi}^{\pi}x\,\mathrm{d}(\sin nx)$$

$$=\frac{1}{n\pi}x\sin nx\Big|_{-\pi}^{\pi}-\frac{1}{n\pi}\int_{-\pi}^{\pi}\sin nx\,\mathrm{d}x=0,$$

$$b_n=\frac{1}{\pi}\int_{-\pi}^{\pi}x\sin nx\,\mathrm{d}x=\frac{-1}{n\pi}\int_{-\pi}^{\pi}x\,\mathrm{d}(\cos nx)$$

$$=\frac{-1}{n\pi}x\cos nx\Big|_{-\pi}^{\pi}+\frac{1}{n\pi}\int_{-\pi}^{\pi}\cos nx\,\mathrm{d}x=(-1)^{n+1}\frac{2}{n},$$

所以 $f(x)=2\sum\limits_{n=1}^{\infty}(-1)^{n+1}\frac{\sin nx}{n}$，$x\in(-\pi,\pi)$.

(2) $f(x)=x$，$0<x<2\pi$，作周期延拓的图像如下：

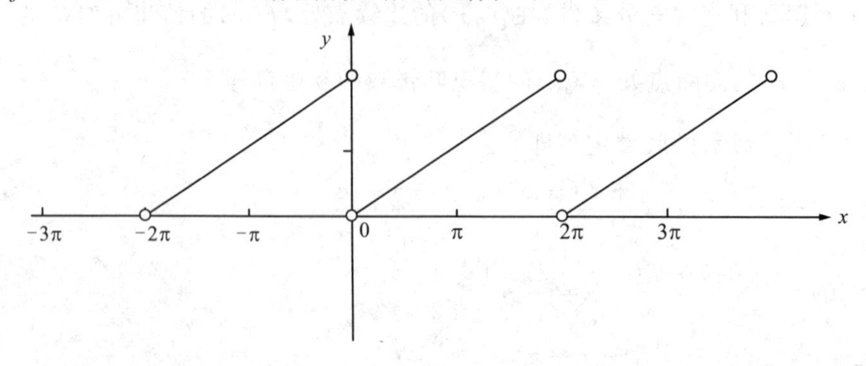

其按段光滑，故可展开为傅里叶级数.

由系数公式得

$$a_0=\frac{1}{\pi}\int_0^{2\pi}f(x)\mathrm{d}x=\frac{1}{\pi}\int_0^{2\pi}x\,\mathrm{d}x=2\pi\,.$$

当 $n\geqslant 1$ 时，

$$\begin{aligned}a_n&=\frac{1}{\pi}\int_0^{2\pi}x\cos nx\,\mathrm{d}x=\frac{1}{n\pi}\int_0^{2\pi}x\,\mathrm{d}(\sin nx)\\&=\frac{1}{n\pi}x\sin nx\Big|_0^{2\pi}-\frac{1}{n\pi}\int_0^{2\pi}\sin nx\,\mathrm{d}x=0,\end{aligned}$$

$$\begin{aligned}b_n&=\frac{1}{\pi}\int_0^{2\pi}x\sin nx\,\mathrm{d}x=\frac{-1}{n\pi}\int_0^{2\pi}x\,\mathrm{d}(\cos nx)\\&=\frac{-1}{n\pi}x\cos nx\Big|_0^{2\pi}+\frac{1}{n\pi}\int_0^{2\pi}\cos nx\,\mathrm{d}x=\frac{-2}{n},\end{aligned}$$

所以 $f(x)=\pi-2\sum\limits_{n=1}^{\infty}\frac{\sin nx}{n},x\in(0,2\pi)$.

例 3 设 $f(x)$是以 2π 为周期的奇函数，且 $f(\pi-x)=f(x)$，证明：$f(x)$的傅里叶系数满足 $a_0=0,a_n=0,b_{2n}=0$，$(n=1,2,\cdots)$.

分析： 利用定积分换元法求傅里叶级数的系数.

解： $\because$ $f(x)$是奇函数，则 $a_n=0(n=0,1,2,\cdots)$

而 $b_{2n}=\frac{2}{\pi}\left[\int_0^{\frac{\pi}{2}}f(x)\sin 2nx\,\mathrm{d}x+\int_{\frac{\pi}{2}}^{\pi}f(x)\sin 2nx\,\mathrm{d}x\right]$

在第二项中，

$$\begin{aligned}\int_{\frac{\pi}{2}}^{\pi}f(x)\sin 2nx\,\mathrm{d}x&\xlongequal{\text{令}x=\pi-t}-\int_{\frac{\pi}{2}}^{0}f(\pi-t)\sin 2n(\pi-t)\mathrm{d}t\\&=\int_0^{\frac{\pi}{2}}[-f(\pi-t)\sin 2nt]\mathrm{d}t=-\int_0^{\frac{\pi}{2}}f(x)\sin 2nx\,\mathrm{d}x\end{aligned}$$

$\therefore$ $b_{2n}=0$，$(n=1,2,\cdots)$.

A 类题

1\. 设 $f(x)$是以 2π 为周期的函数，试将其展开成傅里叶级数，其中

$$f(x)=\begin{cases}bx, & -\pi\leqslant x<0\\ ax, & 0\leqslant x<\pi\end{cases}\quad(a,b\text{ 为常数，且 }a>b>0).$$

2. 设函数 $f(x)=x^2(-\pi\leqslant x\leqslant\pi)$ 以 2π 为周期，求 $f(x)$ 的博里叶级数，并求级数 $\sum_{n=1}^{\infty}\frac{(-1)^{n-1}}{n^2}$ 的和.

3. 求 $f(x)=e^{-x}+x(|x|\leqslant\pi)$的傅里叶级数.

B类题

1. 将函数 $f(x)=\frac{\pi}{2}\frac{e^x+e^{-x}}{e^\pi-e^{-\pi}}$ 在 $[-\pi,\pi]$ 上展开成傅里叶级数，并求级数 $\sum_{n=1}^{\infty}\frac{(-1)^n}{1+(2n)^2}$ 的和.

2. 将函数 $f(x)=x\cos x$，$x\in(-\pi,\pi)$展成傅里叶级数，并求出其在$(-2\pi,2\pi)$上的和函数.

3. 将 $f(x)=\begin{cases} -\dfrac{\pi}{2}, & -\pi\leqslant x<-\dfrac{\pi}{2} \\ x, & -\dfrac{\pi}{2}\leqslant x<-\dfrac{\pi}{2} \\ \dfrac{\pi}{2}, & \dfrac{\pi}{2}\leqslant x<\pi \end{cases}$，展开成以 2π 为周期的傅里叶级数.

4. 将 $f(x)=2x^2(0\leqslant x\leqslant\pi)$展开成正弦级数.

5. 设 $f(x)$是以 2π 为周期的奇函数，且 $f(\pi-x)=f(x)$，证明：$f(x)$的傅里叶系数满足 $a_0=0$，$a_n=0$，$b_{2n}=0(n=1,2,\cdots)$.

6. 设 $f(x)$在$[0,2\pi]$上可积，$b_n=\dfrac{1}{\pi}\int_0^{2\pi}f(x)\sin nx\,\mathrm{d}x$，证明：$\dfrac{1}{2\pi}\int_0^{2\pi}f(x)(\pi-x)\mathrm{d}x=\sum\limits_{n=1}^{\infty}\dfrac{b_n}{n}$.

第六节　一般周期函数的傅里叶级数

本节要求读者理解一般周期为 $2l$ 的函数 $f(x)$ 能展开成傅里叶级数收敛条件,掌握其级数中傅里叶系数的计算方法.

1. 一般周期函数与其傅里叶展开式之间的关系;
2. 函数与傅里叶展开式中系数的计算;
3. 奇函数的正弦级数表示和偶函数的余弦级数表示.

例 1　将函数 $f(x)=\begin{cases}0, & -2\leqslant x\leqslant 0\\ P, & 0<x\leqslant 2\end{cases}$ (P 是常数)展开成傅里叶级数,并求级数 $\sum\limits_{n=1}^{\infty}\dfrac{(-1)^{n-1}}{2n-1}$ 的和.

分析:根据狄利克雷定理求出函数 $f(x)$ 的傅里叶级数,并观察所得傅里叶级数与所求数项级数的关系.

解:$a_0=\dfrac{1}{2}\int_{-2}^{2}f(x)\mathrm{d}x=\dfrac{1}{2}\int_{0}^{2}P\,\mathrm{d}x=P$

$$a_n=\frac{1}{2}\int_0^2 P\cos\frac{n\pi}{2}x\,\mathrm{d}x=\frac{P}{n\pi}\sin\frac{n\pi}{2}x\Big|_0^2=0,n=1,2,\cdots$$

$$b_n=\frac{1}{2}\int_0^2 P\sin\frac{n\pi}{2}x\,\mathrm{d}x=-\frac{P}{n\pi}\cos\frac{n\pi}{2}x\Big|_0^2$$

$$=\frac{P}{n\pi}(1-(-1)^n)=\begin{cases}\dfrac{2P}{n\pi}, & n\text{ 为奇数},\\ 0, & n\text{ 为偶数},\end{cases}$$

∴ 当 $x\in(-2,0)\cup(0,2)$ 时,$f(x)$ 连续,则

$$f(x)=\frac{P}{2}+\frac{2P}{\pi}\sum_{n=1}^{\infty}\frac{1}{2n-1}\sin\frac{(2n-1)\pi}{2}x$$

当 $x=0,\pm2$ 时,级数收敛于 $\dfrac{P}{2}$.

令 $x=1$　得:$f(1)=\dfrac{P}{2}+\dfrac{2P}{\pi}\sum\limits_{n=1}^{\infty}\dfrac{(-1)^{n-1}}{2n-1}=P$

∴ $\sum\limits_{n=1}^{\infty}\dfrac{(-1)^{n-1}}{2n-1}=\dfrac{\pi}{4}$.

例 2　求函数 $f(x)=\begin{cases}x, & 0\leqslant x\leqslant 1,\\ 1, & 1<x<2,\\ 3-x, & 2\leqslant x\leqslant 3,\end{cases}$ 的余弦级数并讨论其收敛性.

分析：将函数先进行偶延拓再作周期延拓得周期为 $2l=6$ 的周期函数，最后求出周期函数的傅里叶级数，将其限定在对应区间.

解：对函数 $f(x), x\in(0,3)$作偶延拓，再作周期延拓得周期为 $2l=6$ 的周期函数. 由于 $f(x)$按段光滑，所以可展开为傅里叶级数.

因 $l=3$，所以由系数公式得

$$a_0=\frac{2}{3}\int_0^3 f(x)\mathrm{d}x=\frac{2}{3}\int_0^1 x\,\mathrm{d}x+\frac{2}{3}\int_1^2\mathrm{d}x+\frac{2}{3}\int_2^3(3-x)\mathrm{d}x=\frac{4}{3}.$$

当 $n\geqslant 1$ 时，

$$\begin{aligned}
a_n&=\frac{2}{3}\int_0^1 x\cos\frac{2n\pi x}{3}\mathrm{d}x+\frac{2}{3}\int_1^2\cos\frac{2n\pi x}{3}\mathrm{d}x+\frac{2}{3}\int_2^3(3-x)\cos\frac{2n\pi x}{3}\mathrm{d}x\\
&=\frac{1}{n\pi}\int_0^1 x\,\mathrm{d}\left(\sin\frac{2n\pi x}{3}\right)+\frac{1}{n\pi}\sin\frac{2n\pi x}{3}\bigg|_1^2+\frac{1}{n\pi}\int_2^3(3-x)\,\mathrm{d}\left(\sin\frac{2n\pi x}{3}\right)\\
&=\frac{1}{n\pi}\sin\frac{2n\pi}{3}-\frac{1}{n\pi}\int_0^1\sin\frac{2n\pi x}{3}\mathrm{d}x+\frac{1}{n\pi}\sin\frac{4n\pi}{3}\\
&\quad-\frac{1}{n\pi}\sin\frac{2n\pi}{3}+\frac{1}{n\pi}(3-x)\sin\frac{2n\pi x}{3}\bigg|_2^3+\frac{1}{n\pi}\int_2^3\sin\frac{2n\pi x}{3}\mathrm{d}x\\
&=\frac{1}{n\pi}\sin\frac{4n\pi}{3}+\frac{3}{2n^2\pi^2}\cos\frac{2n\pi x}{3}\bigg|_0^1-\frac{1}{n\pi}\sin\frac{4n\pi}{3}-\frac{3}{2n^2\pi^2}\cos\frac{2n\pi x}{3}\bigg|_2^3\\
&=\frac{3}{2n^2\pi^2}\cos\frac{2n\pi}{3}-\frac{3}{2n^2\pi^2}-\frac{3}{2n^2\pi^2}\cos\frac{2n\pi}{3}+\frac{3}{2n^2\pi^2}\cos\frac{4n\pi}{3}\\
&=\frac{3}{n^2\pi^2}\cos\frac{2n\pi}{3}-\frac{3}{n^2\pi^2}.
\end{aligned}$$

$$b_n=\frac{1}{l}\int_{-l}^{l}f(x)\sin\frac{n\pi}{l}\mathrm{d}x=0.$$

故 $f(x)=\dfrac{2}{3}+\dfrac{3}{\pi^2}\sum\limits_{n=1}^{\infty}\left[\dfrac{-1}{n^2}+\dfrac{1}{n^2}\cos\dfrac{2n\pi}{3}\right]\cos\dfrac{n\pi x}{3}, x\in[0,3]$为所求.

A 类题

1. 将函数 $f(x)=\begin{cases}0, & 0\leqslant x<1\\ x, & 1\leqslant x<2\end{cases}$ 在$(0,2)$内展开成傅里叶级数.

2. 将函数 $f(x)=x^2(0\leqslant x\leqslant l)$ 展成正弦级数.

B 类题

1. 将 $f(x)=x-[x]$, $x\in(0,1)$展成傅里叶级数.

2. 将 $f(x)=x-1(0\leqslant x\leqslant 2)$展成以 4 为周期的余弦级数.

参考答案

第八章　空间解析几何与向量代数

第一节　向量及其线性运算

A 类题

1. (1) 点在 x 轴上；　(2)点在 y 轴上；　(3)点在 yoz 平面上；　(4)点在 xoz 平面上.

2. (1) 关于 xoy 平面对称的点为$(a,b,-c)$;关于 xoz 平面对称的点为$(a,-b,c)$;关于 yoz 平面对称的点为$(-a,b,c)$.

(2)关于 x 轴对称的点为$(a,-b,-c)$;关于 y 轴对称的点为$(-a,b,-c)$;关于 z 轴对称的点为$(-a,-b,c)$.

(3)关于坐标原点对称的点为$(-a,-b,-c)$.

3. (1) 关于 xoy 平面对称的点为$(2,-3,1)$；　(2) 关于 yoz 平面对称的点为$(-2,-3,-1)$；(3) 关于 xoz 平面对称的点为$(2,3,-1)$.

4. (1) 关于 x 轴对称点为$(2,3,1)$；　(2)关于 y 轴对称点为$(-2,-3,1)$；(3)关于 z 轴对称点为$(-2,3,-1)$.

5. 到 x 轴的距离 $d_x=\sqrt{(-3)^2+5^2}=\sqrt{34}$;到 y 轴的距离 $d_y=\sqrt{5^2+4^2}=\sqrt{41}$;到 z 轴的距离 $d_z=\sqrt{4^2+3^2}=5$.

6. $z=7$ 或 $z=-5$.　　**7.** 方程表示以$(1,-2,-1)$为心,半径为$\sqrt{6}$的球面.

8. $M(0,\frac{3}{2},0)$.　　**9.** 略.　　**10.** $(0,1,-2)$.　　**11.** $\gamma=\frac{\pi}{4}$或 $\gamma=\frac{3\pi}{4}$.

12. $|\boldsymbol{a}|=\sqrt{3}$, $|\boldsymbol{b}|=\sqrt{38}$, $|\boldsymbol{c}|=3$, $\boldsymbol{a}=\sqrt{3}\boldsymbol{a}^0$, $\boldsymbol{b}=\sqrt{38}\boldsymbol{a}^0$, $\boldsymbol{c}=3\boldsymbol{c}^0$.

13. $\overrightarrow{AB}=(3,1,-2)$, $|\overrightarrow{AB}|=\sqrt{14}$, $\overrightarrow{AB}^0=\frac{1}{\sqrt{14}}(3,1,-2)$.

14. $B(18,17,-17)$.　　**15.** $(\frac{11}{4},-\frac{1}{4},3)$.　　**16.** $\boldsymbol{a}=(3\sqrt{3},3,0)$.　　**17.** 略.　　**18.** 略.

19. $|\overrightarrow{M_1M_2}|=2$, $\cos\alpha=-\frac{1}{2}$, $\cos\beta=-\frac{\sqrt{2}}{2}$, $\cos\gamma=\frac{1}{2}$, $\alpha=\frac{2}{3}\pi$, $\beta=\frac{3}{4}\pi$, $\gamma=\frac{\pi}{3}$.

20. $\{3,4,7\}$, $\{-1,2,1\}$, $\{1,-2,-1\}$.　　**21.** 略.　　**22.** $\pm\frac{\boldsymbol{a}|\boldsymbol{b}|+|\boldsymbol{a}|\boldsymbol{b}}{|\boldsymbol{a}|\boldsymbol{b}|+|\boldsymbol{a}|\boldsymbol{b}||}$.

23. $\left\{\frac{2}{3}\sqrt{3},\frac{2}{3}\sqrt{3},\frac{2}{3}\sqrt{3}\right\}$.

第二节 数量积 向量积

A类题

1. $|\boldsymbol{a}|=3$，$|\boldsymbol{b}|=3$；$\boldsymbol{a}$ 的方向余弦为 $\cos\alpha=\dfrac{2}{3}$，$\cos\beta=\dfrac{2}{3}$，$\cos\gamma=\dfrac{1}{3}$；$\boldsymbol{b}$ 的方向余弦为 $\cos\alpha=-\dfrac{1}{3}$，$\cos\beta=\dfrac{2}{3}$，$\cos\gamma=\dfrac{2}{3}$；a、b 之间的夹角 $\varphi=\dfrac{\pi}{2}$.

2. 略.　**3.** $\boldsymbol{x}=\{-4,2,-4\}$.　**4.** $-\dfrac{3}{2}$.　**5.** $2\sqrt{10}$.　**6.** $\sqrt{8+\sqrt{3}}$.

7. 投影为$\dfrac{-10}{\sqrt{11}}$；$\boldsymbol{u}$ 在 $\boldsymbol{v}$ 上的分向量为：$-\dfrac{10}{11}\{-3,-1,1\}$.　**8.** $\theta=\dfrac{\pi}{3}$.　**9.** $\pm\dfrac{1}{\sqrt{35}}(3,1,5)$.

10. $\dfrac{\sqrt{19}}{2}$.　**11.** 略.　**12.** 5,13.　**13.** 略.　**14.** ± 27.

第三节 平面及其方程

A类题

1. $2x+9y-6z+121=0$.　**2.** $z_0y-y_0z=0$.　**3.** $\dfrac{x}{2}+y+z=1$.

4. $\begin{vmatrix} y_2-y_1 & z_2-z_1 \\ n & p \end{vmatrix}(x-x_1)+\begin{vmatrix} z_2-z_1 & x_2-x_1 \\ p & m \end{vmatrix}(y-y_1)+\begin{vmatrix} x_2-x_1 & y_2-y_1 \\ m & n \end{vmatrix}(z-z_1)=0$.

5. $17x-28y-9z=0$.　**6.** $\cos\theta=\dfrac{4}{13}$.　**7.** $22x-7y-3\sqrt{3}z=0$ 与 $2x+23y-13\sqrt{3}z-40=0$.

8. $3x-y=0$ 或 $x+3y=0$.　**9.** 略.　**10.** $x+\dfrac{y}{2}\pm\dfrac{z}{6}=1$.

第四节 空间直线及其方程

A类题

1. $\dfrac{x}{4}=\dfrac{y-4}{1}=\dfrac{z+1}{-3}$.　**2.** $(0,0,-2)$.　**3.** $7x-7y+2z+1=0$.　**4.** $x-3y-z+4=0$.

5. $3x+y-z-1=0$.　**6.** $l_1\begin{cases}x-2y=0\\ z=0\end{cases}$，$l_2\begin{cases}2y+z-2=0\\ x=0\end{cases}$.　**7.** $\begin{cases}x-y+2z-1=0,\\ x-3y-2z+1=0,\end{cases}$.

8. $\begin{cases}x+y-3z+2=0,\\ x-y=0.\end{cases}$.　**9.** 直线 L 与平面 π 平行.　**10.** $\begin{cases}2x-z-3=0\\ 34x-y+6z+53=0\end{cases}$.

11. $\dfrac{x+1}{1}=\dfrac{y-2}{-2}=\dfrac{z-3}{1}$.　**12.** $\dfrac{\sqrt{6}}{2}$.　**13.** $\sqrt{5}$.　**14.** $\begin{cases}2x-z-3=0,\\ 34x-y-6z+53=0.\end{cases}$.

15. $\begin{cases}x+y+z=1,\\ x-1=0.\end{cases}$.　**16.** $\dfrac{x-1}{-2}=\dfrac{y}{-1}=\dfrac{z+1}{5}$.　**17.** $x+2y+1=0$.

18. $\dfrac{x-2}{-2}=\dfrac{y-1}{4}=\dfrac{z-6}{-2}$.　**19.** $z=2$.

第五节　曲面及其方程

A 类题

1. (1)表示双曲柱面(图略)；(2)表示椭圆柱面(图略)；(3)表示抛物柱面(图略)；(4)表示旋转抛物面(图略)；(5)表示锥面(图略)；(6)表示双叶双曲面(图略).

2. 略.　**3.** (1) $y=\frac{m}{n}z+(x-\frac{l}{n}z)^3$；　(2) $(c-z)^2(cy-bz)=(cx-az)^3$.

第六节　空间曲线及其方程

A 类题

1. (1)表示双曲线；(2)表示圆；(3)表示椭圆；(4)表示抛物线.

2. $\begin{cases} x=1+\cos t, \\ y=1-\cos t, (0\leqslant t\leqslant 2\pi). \\ z=\sqrt{2}\sin t \end{cases}$

3. 投影柱面 $x^2+4z^2-2x-3=0$;投影曲线为 $\begin{cases} x^2+4z^2-2x-3=0, \\ y=0. \end{cases}$

4. $\begin{cases} z^2=3ax, \\ y=0. \end{cases}$

第十章　重积分

第一节　二重积分的概念与性质

A 类题

1. (1) $Q=\iint\limits_D \mu(x,y)\mathrm{d}\sigma$；　(2) $\frac{2}{3}\pi$；　(3)0；　(4) $\iint\limits_{x^2+y^2\leqslant 1}[g(x,y)-f(x,y)]\mathrm{d}\sigma$.

2. (1) $0\leqslant I\leqslant 2$；　(2) $0\leqslant I\leqslant \pi^2$.

B 类题

1. $I_2\leqslant I_1\leqslant I_3\leqslant I_4$.　**2.** 证明:略.　**3.** 提示:利用积分区域中 x,y 的对称性有

$$\iint\limits_D(\sin x^2+\cos y^2)\mathrm{d}\sigma=\iint\limits_D(\sin x^2+\cos x^2)\mathrm{d}\sigma=\sqrt{2}\iint\limits_D\sin(x^2+\frac{\pi}{4})d\sigma$$

$\because\ 0\leqslant x^2\leqslant 1\quad \therefore\ \frac{1}{\sqrt{2}}\leqslant\sin(x^2+\frac{\pi}{4})\leqslant 1.$

第二节　二重积分的计算法

A 类题

1. (1) 2π；　(2) $\int_0^1\mathrm{d}y\int_0^y f(x,y)\mathrm{d}x$；　(3) 0；　(4) $\int_0^{\frac{\pi}{2}}\theta\,\mathrm{d}\theta\int_0^2\rho\,\mathrm{d}\rho$.

2. $1/\mathrm{e}$.　**3.** $\ln\frac{4}{3}$.　**4.** $\frac{15}{8}$.

5. (1) $\int_{-1}^0\mathrm{d}y\int_0^{1+y}f(x,y)\mathrm{d}x+\int_0^1\mathrm{d}y\int_0^{1-y}f(x,y)\mathrm{d}x$；

(2) $\int_0^1 dy\int_{y/2}^{2y} f(x,y)dx+\int_1^2 dy\int_{y/2}^{2/y} f(x,y)dx$.

6. (1) $\int_0^1 dy\int_{e^y}^{e} f(x,y)dx$；　(2) $\int_0^1 dy\int_{\sqrt{y}}^{3-2y} f(x,y)dx$；　(3) $\int_0^4 dx\int_{\frac{x}{2}}^{\sqrt{x}} f(x,y)dy$；

(4) $\int_{-1}^0 dx\int_{-2\arcsin x}^{\pi} f(x,y)dy+\int_0^1 dx\int_{\arcsin x}^{\pi-\arcsin x} f(x,y)dy$.

7. $\frac{1}{2}$.　**8.** (1) $\int_0^{\pi/2} d\theta\int_0^{2R\sin\theta} f(\rho\cos\theta,\rho\sin\theta)\rho d\rho$；　(2) $\int_0^{\pi/2} d\theta\int_0^R f(\rho^2)\rho d\rho$.

9. (1) $\frac{\pi}{4}(2\ln 2-1)$；　(2) $\sqrt{2}-1$.

B 类题

1. (1) $\frac{20}{3}-\frac{\pi}{4}$；　(2) $\frac{16\pi}{3}-\frac{32}{9}$.　**2.** $\frac{R^3\arctan k}{3}$.　**3.** $\frac{1}{40}\pi^5$.

第三节　三重积分

A 类题

1. (1) $\iiint\limits_{\Omega}\mu(x,y,z)dv$；　(2) $\iiint\limits_{\Omega_1} z\,dV=4\iiint\limits_{\Omega_2} z\,dV$；　(3) $\begin{cases}x=\rho\cos\theta\\ y=\rho\sin\theta\\ z=z\end{cases}$，$\rho d\rho d\theta dz$；

(4) $\int_0^{2\pi} d\theta\int_0^{\frac{\pi}{2}} d\varphi\int_0^{\cos\varphi} f(r\sin\varphi\cos\theta,r\sin\varphi\sin\theta,r\cos\varphi)r^2\sin\varphi dr$.

2. 在直角坐标系下 $I=\int_{-2}^2 dx\int_{-\sqrt{4-x^2}}^{\sqrt{4-x^2}} dy\int_{\sqrt{x^2+y^2}}^{6-x^2-y^2} xyz\,dz$；

在柱面坐标系下 $I=\int_0^{2\pi} d\theta\int_0^2 \rho d\rho\int_{\rho}^{6-\rho^2}\rho^3\cos\theta\sin\theta\cdot z dz$；

在球面坐标系下 $I=\int_0^{2\pi} d\theta\int_0^{\pi/4} d\varphi\int_0^{r_0} r^5\sin^3\varphi\cos\varphi\cos\theta\sin\theta dr$，其中 $r_0=\frac{-\cos\varphi+\sqrt{1+23\sin^2\varphi}}{2\sin^2\varphi}$.

3. (1) $\frac{1}{2}\ln 2$；　(2) $\frac{\pi R^4}{16}$；　(3) 2π；　(4) $\frac{21\pi}{4}$；　(5) $\frac{\pi}{6}(7-4\sqrt{2})$；　(6) $\frac{59\pi R^5}{480}$；

(7) $\frac{2}{15}\pi ab^3c$；　(8) $\frac{\pi}{60}$.

B 类题

1. $F'(t)=2\pi t[\frac{h^3}{3}+hf(t^2)]$；$\lim\limits_{t\to 0}\frac{F(t)}{t^2}=\lim\limits_{t\to 0}\frac{F'(t)}{2t}=\pi[\frac{h^3}{3}+hf(0)]$.

2. (1) $\frac{1}{3}\pi a^3$；　(2) $\frac{4}{3}\pi(a^2-b^2)^{\frac{3}{2}}$.

第四节　重积分的应用

A 类题

1. $\sqrt{2}\pi$.　**2.** $\frac{4}{3}a$.　**3.** $\frac{13}{3}\pi$.　**4.** $\bar{x}=0,\bar{y}=\frac{4b}{3\pi}$.

B 类题

1. 设球面上的定点为原点，球心在 z 轴上，则 $\bar{x}=0$，$\bar{y}=0$，$\bar{z}=\frac{5}{4}R$.

2. $y^2=\frac{15p}{32}x$.　　**3.** $\frac{8}{3}\pi$.　　**4.** $I_O=\frac{2}{3}k\pi R^6$；$I_z=\frac{4}{9}k\pi R^6$.

5. 设球顶锥体 Ω 由上半球面 $x^2+y^2+z^2=R^2(z\geqslant 0)$ 和锥面 $z=\frac{\sqrt{3}}{3}\sqrt{x^2+y^2}$ 围成，则 $F_x=0,F_y=0,F_z=\frac{1}{4}\pi Gm\rho R$.

6. 9π.

第十二章　无穷级数

第一节　常数项级数的概念和性质

A 类题

1. (1) $\frac{13}{6}$；　(2) $\frac{1}{3}$.

2. (1)发散；　(2)发散；　(3)发散；　(4)收敛.

B 类题

1. 证明：略.　　**2.** (1)1；　(2)$1-\sqrt{2}$.

第二节　常数项级数的审敛法

A 类题

1. (1)发散；(2)收敛；(3)收敛；(4)收敛；(5)发散.

2. (1)发散；(2)收敛；(3)收敛；(4)收敛；(5)$a\geqslant e$ 时，级数发散；$0<a<e$ 时，级数收敛.

3. (1)发散；(2)收敛；(3)收敛；(4)$b>a$ 时，原级数发散；$0<b<a$ 时，则原级数收敛.

4. (1)绝对收敛；(2)条件收敛；(3)绝对收敛.

B 类题

1. 证明：略.　　**2.** 提示：由已知 $0\leqslant c_n-b_n\leqslant c_n-a_n(n=1,2,3,\cdots)$.

3. (1)收敛；(2)发散；(3)收敛；(4)收敛；(5)收敛；
(6)当 $0<a<1$ 时，级数收敛；当 $a\geqslant 1$ 时，级数发散.

4. 证明：略；若不是正项级数，命题不成立.　　**5.** 提示：用比较判别法.

6. 提示：(1)设 $\forall n\in N$，有 $\frac{u_{n+1}}{u_n}\geqslant\frac{v_{n+1}}{v_n}$，则可得 $v_n\leqslant\frac{v_1}{u_1}u_n$；　(2)用反证法，由(1)可证.

第三节　幂级数

A 类题

1. (1) $(-1,1)$；　(2) $(-1,1)$；　(3) $[-2,2]$；　(4) $[1,3)$；
(5) $p\leqslant 0$ 时，收敛域为 $(-1,1)$；$0<p\leqslant 1$ 时，收敛域为 $[-1,1)$；$p>1$ 时，收敛域为 $[-1,1]$.

2. (1) $\dfrac{1}{(1-x)^2}$; (2) $\mathrm{arctg}2x$; (3) $\dfrac{2+x^2}{(2-x^2)^2}$, $\sum\limits_{n=1}^{\infty}\dfrac{2n-1}{2^n}=3$; (4) $\dfrac{3x-x^2}{(1-x)^3}$;

(5) $\dfrac{x^2}{(1-x^2)^2}-\ln(1-x^2)$, $\sum\limits_{n=1}^{\infty}\dfrac{n^2+1}{n2^n}=2+\ln2$.

3. 提示:构造幂级数 $\sum\limits_{n=1}^{\infty}\dfrac{1}{n}x^n$.

第四节 函数展开成幂级数

A 类题

1. (1) $\sum\limits_{n=0}^{\infty}\dfrac{(-1)^n}{n!}x^{2n}$, $-\infty<x<\infty$;

(2) $\sum\limits_{n=0}^{\infty}x^{2n+6}$, $-1<x<1$;

(3) $x+\sum\limits_{n=0}^{\infty}\dfrac{(-1)^n}{(n+1)(n+2)}x^{n+1}$, $x\in[-1,1]$;

(4) $\sum\limits_{n=0}^{\infty}(-1)^n\dfrac{(2n-1)!!}{(2n)!!}x^{2n+1}$, $x\in[-1,1]$;

(5) $\sum\limits_{n=1}^{\infty}\dfrac{(-1)^{n-1}2^n-1}{n}x^n$, $x\in(-\dfrac{1}{2},\dfrac{1}{2}]$;

(6) $\dfrac{1}{3}\sum\limits_{n=1}^{\infty}(1-(-2)^n)x^n$, $x\in(-\dfrac{1}{2},\dfrac{1}{2})$;

(7) $\sum\limits_{n=0}^{\infty}\dfrac{(-1)^n}{(2n+2)(2n+1)}x^{2n+2}$, $x\in[-1,1]$;

(8) $\sum\limits_{n=1}^{\infty}\dfrac{(-1)^{n-1}}{(2n-1)(2n-1)!}x^{2n-1}$, $x\in(-\infty,+\infty)$.

2. $\sum\limits_{n=0}^{\infty}(-1)^n(x-1)^n$, $x\in(0,2)$.

3. $\dfrac{1}{\mathrm{e}}[2\sum\limits_{n=0}^{\infty}\dfrac{(-1)^n(x-1)^n}{n!}+\sum\limits_{n=0}^{\infty}\dfrac{(-1)^n(x-1)^{n+1}}{n!}]$, $x\in(-\infty,+\infty)$.

4. $\dfrac{1}{2}\sum\limits_{n=0}^{\infty}(-1)^n[\dfrac{(x+\frac{\pi}{3})^{2n}}{(2n)!}+\sqrt{3}\dfrac{(x+\frac{\pi}{3})^{2n+1}}{(2n+1)!}]$, $x\in(-\infty,+\infty)$.

B 类题

1. $-\dfrac{1}{3}\sum\limits_{n=0}^{\infty}[1+\dfrac{(-1)^n}{2^{n+1}}](x+2)^n$, $x\in(-3,-1)$.

2. (1) $\sin x+x\cos x$, $x\in(-\infty,+\infty)$; (2) $\dfrac{1+x}{(1-x)^3}$, $x\in(-1,+1)$;

(3) $S(x)=\begin{cases}\dfrac{1}{2}(1-x^2)\ln(1-x)+\dfrac{1}{2}x+\dfrac{1}{4}x^2, & x\in[-1,1)\\ \dfrac{3}{4}, & x=1\end{cases}$.

3. (1) $\frac{1}{2}(\cos 1-\sin 1)$；(2)$2(1-\ln 2)$；(3)$2e$.

4. $\sum\limits_{n=1}^{\infty}\frac{nx^{n-1}}{(n+1)!}, x\in(-\infty,+\infty)$；$\sum\limits_{n=1}^{\infty}\frac{n}{(n+1)!}=1$.

第五节　傅里叶级数

A 类题

1. $f(x)=\frac{a-b}{4}\pi+\sum\limits_{n=1}^{\infty}\left[\frac{(1-(-1)^n)(b-a)}{n^2}\cos nx+\frac{(-1)^n(a+b)}{n}\sin nx\right]$

$(x\neq(2k+1)\pi, k=0,\pm1,\pm2,\cdots)$；

当 $x=(2k+1)\pi, k=0,\pm1,\pm2,\cdots$ 时，级数收敛于$\frac{(a-b)}{2}\pi$.

2. $f(x)=\frac{\pi^2}{3}+4\sum\limits_{n=1}^{\infty}\frac{(-1)^n}{n^2}\cos nx, x\in(-\infty,+\infty)$；$\sum\limits_{n=1}^{\infty}\frac{(-1)^{n-1}}{n^2}=\frac{\pi^2}{12}$.

3. $e^{-x}+x=\frac{e^{\pi}-e^{-\pi}}{2\pi}+\sum\limits_{n=1}^{\infty}\left\{\frac{(-1)^n(e^{\pi}-e^{-\pi})}{\pi(1+n^2)}\cos nx+\left[\frac{(-1)^n(e^{\pi}-e^{-\pi})}{\pi(1+n^2)}-\frac{2}{n}\right]\sin nx\right\}$

$x\neq\pm\pi$；当 $x=\pm\pi$ 时，级数收敛于$\frac{e^{\pi}+e^{-\pi}}{2}$.

B 类题

1. $f(x)=\frac{1}{2}+\sum\limits_{n=1}^{\infty}\frac{(-1)^n}{1+n^2}\cos nx$，$(-\pi\leqslant x\leqslant\pi)$；

$\sum\limits_{n=1}^{\infty}\frac{(-1)^n}{1+(2n)^2}=f(\frac{\pi}{2})-\frac{1}{2}=\frac{\pi}{2}\frac{e^{\pi/2}+e^{-\pi/2}}{e^{\pi}-e^{-\pi}}-\frac{1}{2}$.

2. $f(x)=-\frac{1}{2}\sin x+\sum\limits_{n=2}^{\infty}\frac{(-1)^n 2n\sin nx}{n^2-1}$，$x\in(-\pi,\pi)$；

$$S(x)=\begin{cases}0, & x=\pm\pi\\ x\cos x, & x\in(-\pi,\pi)\\ (x-2\pi)\cos x, & x\in(\pi,2\pi)\\ (x+2\pi)\cos x, & x\in(-2\pi,-\pi)\end{cases}.$$

3. $f(x)=\frac{2}{\pi}\sum\limits_{n=1}^{\infty}\left[\frac{1}{n^2}\sin\frac{n\pi}{2}+(-1)^{n+1}\frac{\pi}{2n}\right]\sin nx$，$x\in(-\pi,\pi)$；$x=\pm\pi$ 时，级数收敛于 0.

4. $f(x)=\frac{4}{\pi}\sum\limits_{n=1}^{\infty}\left[\frac{(-1)^n}{n}(\frac{2}{n^2}-\pi^2)-\frac{2}{n^3}\right]\sin nx$，$x\in[0,\pi)$；$x=\pi$ 时，级数收敛于 0.

5. 证明：略.

6. 提示：将 $g(x)=\pi-x$，$x\in(0,2\pi)$看成以 2π 为周期的周期函数，进行傅里叶展开.

第六节　一般周期函数的傅里叶级数

A 类题

1. $f(x)=\frac{3}{4}+\sum\limits_{n=1}^{\infty}\left[\frac{1-(-1)^n}{(n\pi)^2}\cos n\pi x+\frac{(-1)^n-2}{n\pi}\sin n\pi\right]$，$x\in(0,2)$

且 $x \neq 1$；$x=1$ 时，级数收敛于 $\frac{1}{2}$.

2. $f(x)=\frac{2l^2}{\pi^3}\sum_{n=1}^{\infty}\left[-\frac{3}{n^3}+(-1)^{n-1}\left(\frac{\pi^2}{n}-\frac{2}{n^3}\right)\right]\sin\frac{n\pi}{l}x\,(0 \leqslant x \leqslant l)$，在端点 $x=l$ 处，级数收敛于 0.

B 类题

1. $f(x)=\frac{1}{2}-\frac{1}{\pi}\sum_{n=1}^{\infty}\frac{\sin 2n\pi x}{n}$, $x \in (0,1)$.

2. $f(x)=-\frac{8}{\pi^2}\sum_{k=1}^{\infty}\frac{1}{(2k-1)^2}\cos\frac{(2k-1)\pi x}{2}$, $x \in [0,2]$.